Die Bestimmung der Dauerfestigkeit der knetbaren, veredelbaren Leichtmetallegierungen

---

Dissertation

zur Erlangung der Würde eines Doktor-Ingenieurs
der Technischen Hochschule zu Berlin

Vorgelegt am 1. Februar 1928

von

Dipl.-Ing. Richard Wagner
aus Aalen (Württemberg)

Genehmigt am 18. April 1928

Referent: Prof. Dr.-Ing. Becker
Korreferent: Prof. Dr.-Ing. Hanemann

Springer-Verlag Berlin Heidelberg GmbH 1928

ISBN 978-3-662-31436-4 ISBN 978-3-662-31643-6 (eBook)
DOI 10.1007/978-3-662-31643-6

Vorwort.

Die nachstehende Arbeit wurde auf Veranlassung von Herrn Professor Dr.-Ing. Riebensahm, dem ich an dieser Stelle für die Förderung meiner Arbeiten meinen verbindlichsten Dank ausspreche, im Institut für Mechanische Technologie der Technischen Hochschule zu Berlin in den Jahren 1926 und 1927 ausgeführt.

In dankenswerter Weise wurde von den Firmen Dürener Metallwerke A.-G. in Düren (Rheinland), I. G. Farbenindustrie Abteilung Elektron, Bitterfeld, Metallbank und Metallurgische Gesellschaft A.-G. in Frankfurt am Main der größte Teil des erforderlichen Materials zur Verfügung gestellt, wofür auch an dieser Stelle gedankt wird.

Berlin, im Juni 1928.

Richard Wagner.

Inhaltsverzeichnis.

Lebenslauf.

Ich, Richard Wagner, wurde geboren am 18. Juli 1886 in Aalen in Württemberg. Nach dem Besuch der Oberrealschulen in Aalen und Stuttgart legte ich die Reifeprüfung in Stuttgart ab und studierte an den Technischen Hochschulen in Stuttgart und Berlin in der Abteilung für Allgemeinen Maschinenbau. Gleichzeitig hörte ich Kollegs über Nationalökonomie an der Universität Berlin. Nach Ablegung des Diplom-Examens war ich von 1912 bis 1914 Assistent bei Herrn Geh. Rat Prof. Heyn an der Technischen Hochschule zu Berlin und dann als Konstrukteur und später Betriebsingenieur in der Lokomotivfabrik der Berliner Maschinenbau A.-G. vorm. L. Schwartzkopf bis 1923.

Diese Tätigkeit wurde durch den Krieg unterbrochen. Von August 1914 bis Dezember 1918 war ich als Marine-Oberingenieur bei der Flotte und beim Kommandeur der Flieger in Flandern tätig.

Seit 1923 bin ich Oberingenieur an der Technischen Hochschule zu Berlin.

Einleitung.

1. Das Wesen der Dauerfestigkeit und die Grundlagen ihrer Bestimmung.

Die Tatsache, daß trotz Auswahl bester Materialien und trotz sorgfältigster Durchrechnung aller auftretenden Kräfte an den verschiedensten Bauwerken der Technik immer wieder Brüche auftreten, deren

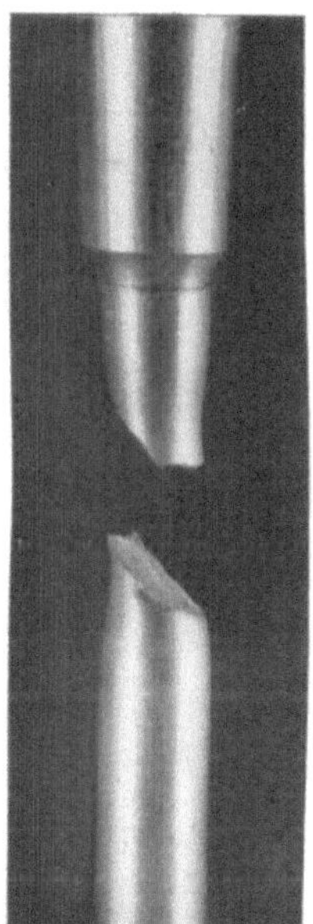

Statischer Bruch

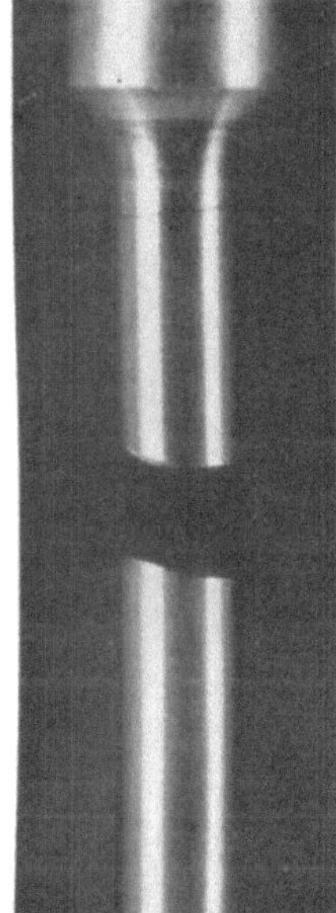

Schwingungsbruch

Abb. 1. Bruchformen von Duralumin 19.

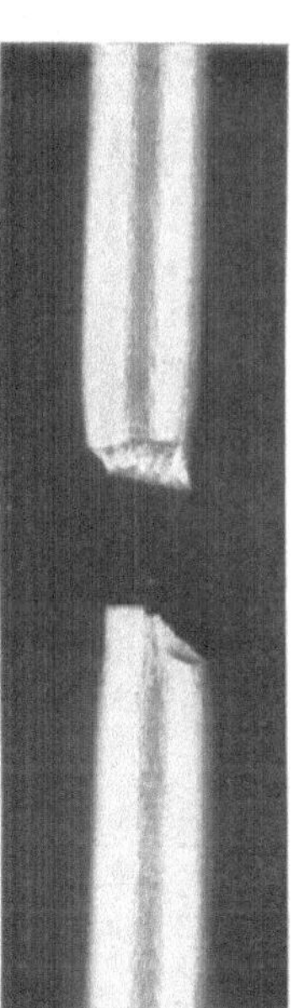

Statischer Bruch

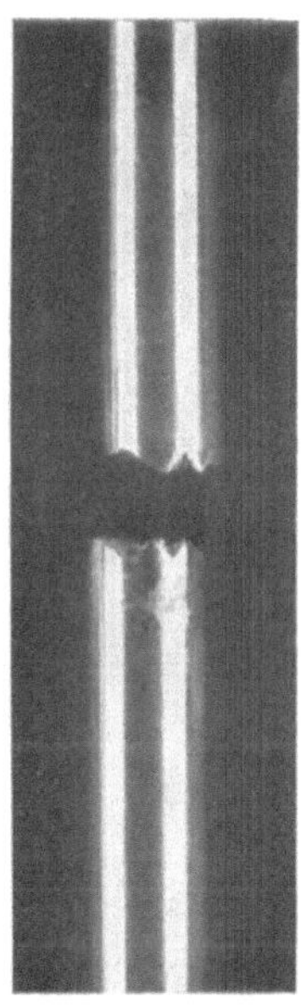

Schwingungsbruch

Abb. 2. Bruchformen von Duralumin 20.

„Berechtigung" nicht einzusehen ist, hat in den letzten Jahrzehnten in steigendem Maße die Aufmerksamkeit der Konstrukteure und Materialprüfer erregt.

Derartige Brüche treten namentlich dort auf, wo Maschinenteile einer dauernd wechselnden Beanspruchung ausgesetzt sind und werden mit dem Namen Ermüdungs- oder Dauerbruch bezeichnet.

Das Wesentliche an dieser Art von Brüchen ist stets der Umstand, daß keinerlei Formveränderung an dem Werkstück auftritt, selbst dann nicht, wenn es sich um einen Baustoff handelt, der sonst großes Formänderungsvermögen hat und beim Bruch unter statischer Last eine verhältnismäßig hohe Dehnung und Querzusammenziehung zeigt.

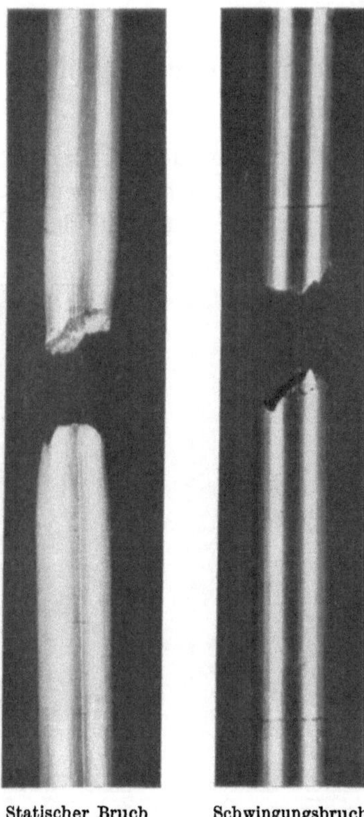

Statischer Bruch Schwingungsbruch

Abb. 3. Bruchformen von Duralumin 21.

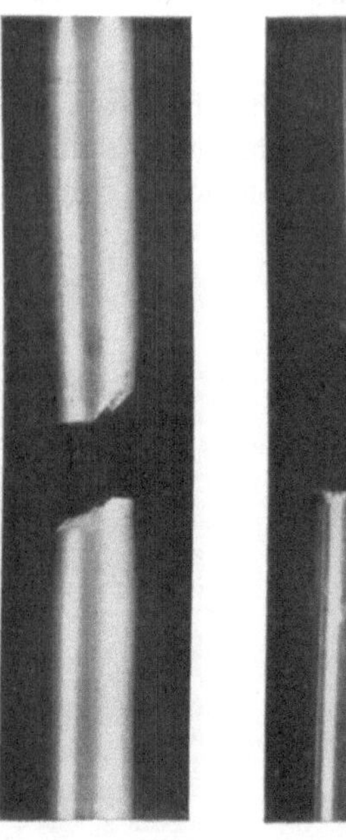

Statischer Bruch Schwingungsbruch

Abb. 4. Bruchformen von Lautal 30.

Der Bruch tritt ein, ohne daß das Material vorher durch Formänderung „warnt“.

Zur Erläuterung dieser Tatsache sind in den Abb. 1—10 Probestäbe von den in der weiteren Untersuchung geprüften Werkstoffen dargestellt in der Weise, daß nebeneinander die Brüche gezeigt werden, wie sie beim statischen Zerreißversuch und wie sie bei Schwingungsbeanspruchung auftreten.

Es sind hierbei grundsätzlich zwei Arten von Beanspruchungen zu unterscheiden:

1. Schlag- oder Stoß-Dauerbeanspruchung.

Hierbei wird dem Material plötzlich eine Schlagarbeit aufgedrückt, die es aufnehmen muß. Das Material erleidet dabei eine bestimmte Beanspruchung, die sich in Zug-, Druck- und Schubspannungen zerlegen läßt.

Das Wesentliche an dieser Art der Beanspruchung ist, daß das Aufbringen der Belastung momentan geschieht, d. h. daß die Belastung 0 unmittelbar abgelöst wird von einer Höchstlast, die ebenso schnell

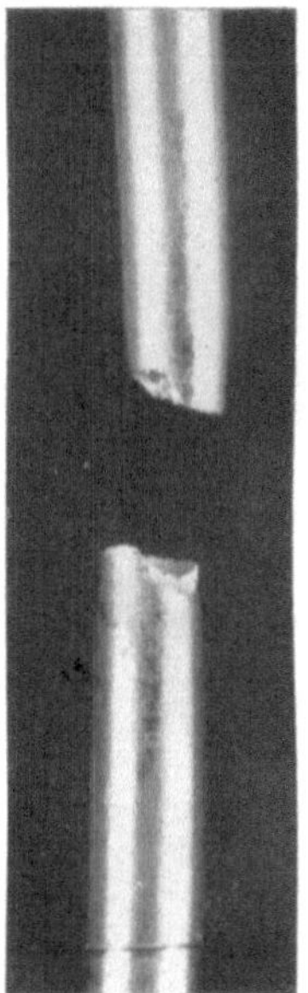

Statischer Bruch

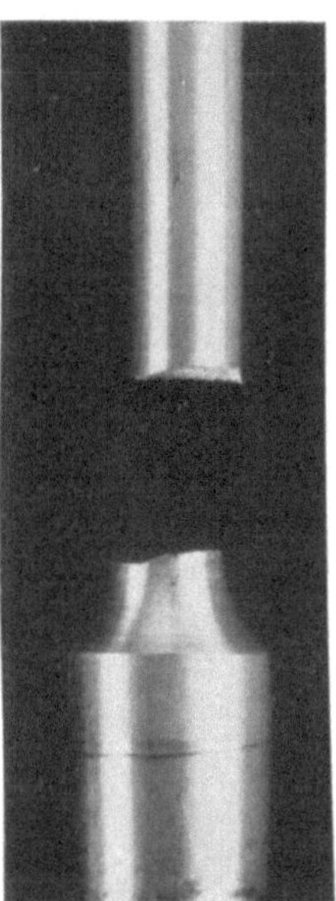

Schwingungsbruch

Abb. 5. Bruchformen von Lautal 31.

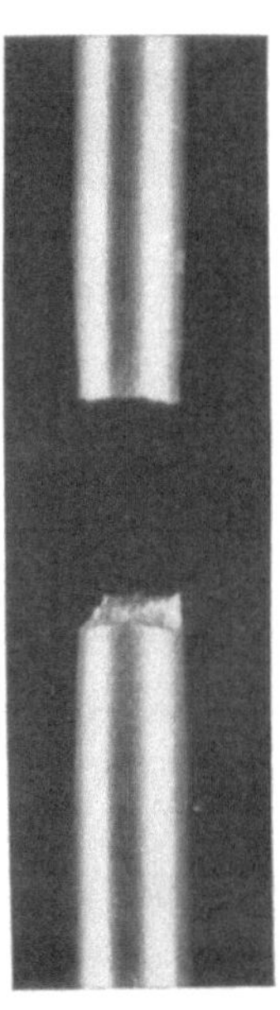

Statischer Bruch

Schwingungsbruch

Abb. 6. Bruchformen von Lautal 32.

wieder verschwindet, um dann, sei es mit demselben, sei es mit entgegengesetztem Vorzeichen, wieder zu wirken.

Wie Müller und Leber[1] erwähnen, kann ein Material eine Reihe von Schlägen aushalten, welche das Material über die Grenze seiner Bruchfestigkeit hinaus beanspruchen. Dies ist verständlich bei Berücksichtigung des Umstandes, daß der Formänderungswiderstand eines Materiales sich mit der Formänderungsgeschwindigkeit ändert.

Mit wachsender Formänderungsgeschwindigkeit vergrößert sich die innere Reibung des Materiales. Das kann dahin führen, daß ein bei

[1] Z. d. V. d. I. 1923. S. 357—363.

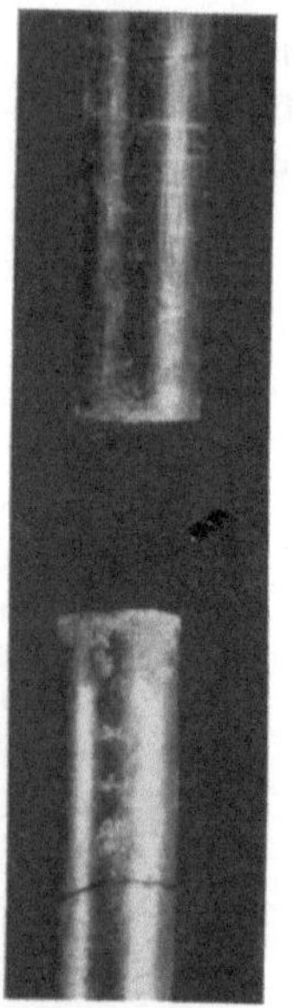
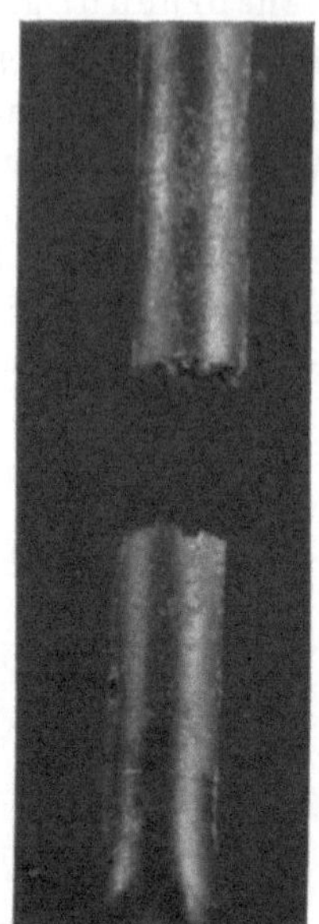

Statischer Bruch Schwingungsbruch

Abb. 7. Bruchformen von Elektron 22.

Statischer Bruch Schwingungsbruch

Abb. 8. Bruchformen von Elektron 23.

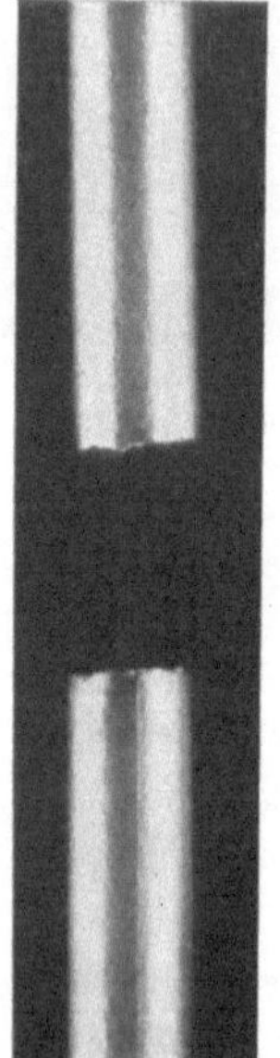
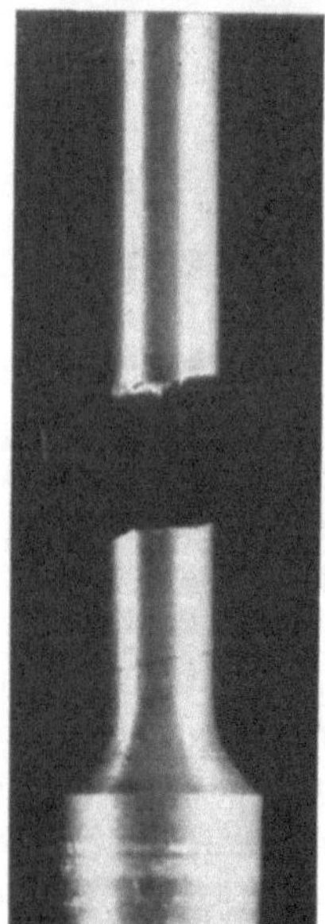

Statischer Bruch Schwingungsbruch

Abb. 9. Bruchformen von Silumin 27.

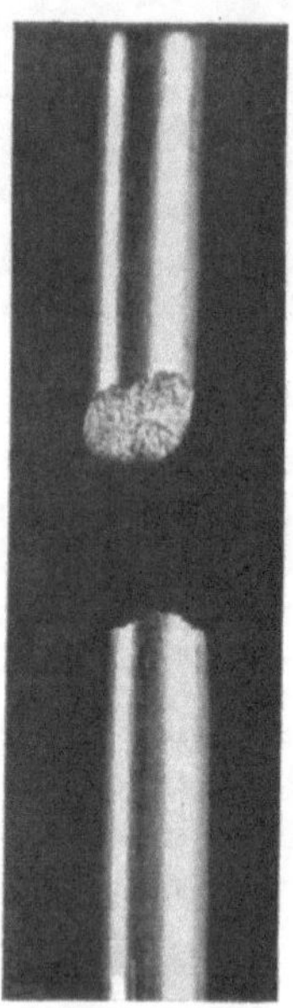
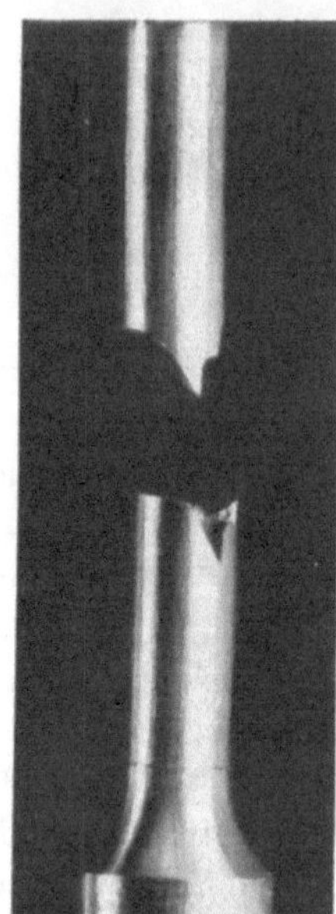

Statischer Bruch Schwingungsbruch

Abb. 10. Bruchformen von Skleron 26.

ruhender Belastung geschmeidig erscheinendes Material sich spröde zeigt, wenn eine Stoßbeanspruchung mit hoher Geschwindigkeit aufgebracht wird. In derselben Richtung weisen auch die Untersuchungen von Moser[1] über die Kerbschlagprobe.

Andererseits aber bewirkt bei oft wiederholten Schlägen eine Beanspruchung in der Höhe, daß die durch den einzelnen Schlag erzeugte Spannung im Material noch keine erhebliche Formänderung erzeugt, nach einer bestimmten Anzahl von solchen Schlägen doch bereits eine Trennung des Materials, und zwar in den meisten Fällen so, daß keine Formänderung an dem Probestab auftritt.

Die reine Stoß-Dauerbeanspruchung wird in der Technik selten auftreten, sie ist meist im Verein mit der sofort zu besprechenden zweiten Art der Dauerbeanspruchung zu finden.

Typische Beispiele für überwiegende Beanspruchung dieser Art sind die Räder und Achsen von Eisenbahnfahrzeugen und die Kurbelwellen und Pleuelstangen von Verbrennungskraftmaschinen.

Die hiervon grundsätzlich verschiedene Beanspruchung mit ähnlicher Wirkung ist

2. die Schwingungs-Dauerbeanspruchung.

Hierbei wird das Material abwechselnd auf Zug und Druck beansprucht. Die Amplitude der Belastung verläuft nach einem Sinusgesetz in der Zeit und wechselt von einem positiven zu einem negativen Maximum. Im Gegensatz zu der unter 1. erwähnten Schlagbeanspruchung handelt es sich hierbei um eine allmählich, wenn auch in sehr kurzer Zeit erfolgende Änderung der Belastung, die aber in ihrem Endziel dieselbe Wirkung hat wie die Schlagbeanspruchung. Eine Beanspruchung, die zunächst ihrer Einzelgröße nach keine nachteilige Wirkung auf den Werkstoff hat, führt bei häufiger Wiederholung zum Bruch.

Diese Beanspruchung kann auf verschiedene Arten erreicht werden:

Jede unter Belastung laufende und auf Biegung beanspruchte Welle entspricht diesem Bild. In der äußersten Faser einer solchen Welle ändert sich die Beanspruchung bei einer Umdrehung von einem positiven über 0 zu einem negativen Maximum.

In der Wirklichkeit werden meist die beiden Beanspruchungsarten 1. und 2. zusammen auftreten. Beispiel: Kurbelwellen.

Darüber, was in dem Material bei einem derartigen Dauerbruch vorgeht, besteht in dem einschlägigen Schrifttum, das in den letzten Jahren außerordentlich angewachsen ist, durchaus keine Einigkeit.

Gough bringt in seinem Buch „The fatigue of Metals" London 1926 eine Zusammenstellung der bisher aufgestellten Theorien über die Ermüdungsursachen.

[1] Stahleisen 1923. S. 935ff.

Aus dieser Aufstellung sowohl wie aus dem übrigen Schrifttum geht hervor, daß trotz eingehender Beschäftigung der verschiedensten Forscher mit dieser Frage eine allgemein gültige Theorie der Ursache der Dauerbrüche noch nicht gefunden ist; daß nicht mehr erreicht ist, als die Aufstellung einiger Arbeitshypothesen, die aber nicht zu einer völligen Beherrschung der Frage geführt haben.

Mit wenigen Ausnahmen stellen diejenigen, die sich mit der Frage beschäftigt haben, fest, daß mit den Mitteln, die uns bis jetzt die Metallographie zur Verfügung stellt, eine Veränderung im kristallinen Aufbau der untersuchten Metalle beim Dauerbruch nicht zu entdecken ist.

Auch die Röntgenuntersuchung hat bis jetzt noch keine Aufschlüsse darüber gebracht, welche Vorgänge in den Werkstoffen den Bruch bei der Dauerbeanspruchung bedingen.

Ewing und Humfrey[1] beobachteten das Auftreten von Gleitlinien bei weichen Stählen und diese Gleitlinien werden von ihnen und anderen Forschern für die Entstehung des Bruches verantwortlich gemacht.

Auch Ludwik und Scheu in „Das Verhalten der Metalle bei wiederholter Beanspruchung“[2] zeigen die Entstehung von Gleitlinien bei wiederholter Beanspruchung an Flußeisenstäben.

Ob aber die Entstehung dieser Gleitlinien in unmittelbarem Zusammenhang steht mit dem Bruch ist mindestens zweifelhaft.

Haigh z. B. stellt die Theorie auf[3], daß diese Gleitlinien nicht die Ursache des Zerfalls von Kristallen, „der Zermürbung“ des Materials seien, sondern daß ein dauernder Wechsel von Zerfall und Rekristallisation auftrete, der zum Bruch führt, wenn der Zerfall die Rekristallisation überwiegt. Durch diesen Wechsel von Zerfall und Rekristallisation soll die „Gleitung“ entstehen.

Das Ziel der Forschung über die inneren Ursachen des Dauerbruches ist es, die Verhältnisse so zu klären, daß die Bedingungen, unter denen er auftreten kann, genau festgelegt werden und daß für jedes Material eine Konstante festgelegt werden kann, die das Verhalten des Werkstoffes und die Rechnungsgrundlagen für seine Verwendung als Maschinenteil ebenso festlegt, wie es etwa die beim statischen Zerreißversuch erhaltenen Werte tun.

Es muß, mit anderen Worten, diejenige höchste Spannung ermittelt werden, bei welcher das betreffende Material noch eine unendliche Anzahl von Lastwechseln aushält, ohne zu brechen.

Dieses Ziel ist noch nicht erreicht. Es ist aber im Laufe der Zeit gelungen, eine Anzahl von Merkmalen, d. h. von wahrnehmbaren Äuße-

---

[1] The fraction of Metals under repeated alternations of Stress. Phil. Trans. Roy. Soc. A. Vol. 200, p. 241. 1903.

[2] Z. d. V. d. I. 1923. S. 122—126.

[3] Veröfftlgn. in Report Brit. Assoc. von 1915—1923.

rungen der im Innern des Werkstoffes sich abspielenden Vorgänge zu erkennen, die anzeigen, daß wahrscheinlich die oben charakterisierte Grenze der Tragfähigkeit erreicht ist.

Der natürliche, aber sehr zeitraubende Weg, diese Schwingungs-Dauerfestigkeit, im weiteren stets als Schwingungsfestigkeit bezeichnet, zu ermitteln, besteht darin, daß man in geeigneten Vorrichtungen bzw. Maschinen einen Probestab unter verschiedenen Belastungen laufen läßt und diejenigen Lastwechselzahlen aufschreibt, die bei den verschiedenen Belastungen ausgehalten werden.

Wenn in einem Koordinatensystem die aufgezwungenen Spannungen in Funktion der ausgehaltenen Lastwechselzahlen aufgetragen werden, ergeben sich Kurven, wie sie die Kurvenblätter Abb. 24—31 zeigen, bei denen die Kurve der Spannungen allmählich in eine Horizontale übergeht. Die Horizontale bedeutet, daß bei dieser Spannung kein Bruch mehr auftritt, selbst bei sehr hohen, wahrscheinlich sogar bei unendlich großen Lastwechselzahlen.

Es liegt auf der Hand, daß dieser Weg äußerst zeitraubend ist, selbst bei Anwendung von hohen Lastwechselzahlen in der Zeiteinheit, und daß dieser Weg für die Bedürfnisse der Praxis äußerst ungünstig ist.

Das Ziel aller Arbeit über die Dauerfestigkeit ist deshalb auch seit langem die Ausarbeitung eines abgekürzten Verfahrens, das in möglichst kurzer Zeit die Ermittlung derjenigen Spannung erlaubt, bei der mit einem Bruch lediglich in Folge der Lastwechsel nicht mehr zu rechnen ist.

Sehr nahe liegt auch der Gedanke, Beziehungen ausfindig zu machen zwischen den Ergebnissen der statischen Untersuchung und dem gesuchten Werte der Spannung an der Grenze der Schwingungsfestigkeit, da beim Bestehen solcher Beziehungen die bequemste Ermittelung der gesuchten Größe gegeben wäre.

Die bekannteste und häufig angewendete Beziehung ist die von Stribeck für Stähle festgestellte[1], die aus dem arithmetischen Mittel aus Streckgrenze und Zerreißfestigkeit durch Multiplikation mit einem Faktor die Dauerfestigkeit ermittelt zu

$$\sigma_D = 0{,}57 \cdot {}^1/_2\,(\sigma_S + \sigma_B),$$

worin σ_D die Dauer-Schwingungsfestigkeit,
σ_S die Streckgrenze,
σ_B die Höchstspannung beim Zerreißversuch

darstellen.

Für die vorliegende Aufgabe ist diese Beziehung nicht verwendbar, weil die zu untersuchenden Werkstoffe keine ausgeprägte Streckgrenze zeigen, wie sie bei den Eisen-Kohlenstoff-Legierungen meist vorhanden ist.

---

[1] Z. d. V. d. I. Bd. 67, S. 631—636. 1923.

2. Die Abkürzungsverfahren und ihre Verwendbarkeit für Leichtmetallegierungen.

Im wesentlichen beruhen alle Abkürzungsverfahren, deren wichtigste zusammengestellt sind in der Arbeit von Dr.-Ing. Lehr über die „Abkürzungsverfahren zur Ermittelung der Schwingungsfestigkeit von Materialien“[1] auf der Anschauung, daß in dem Augenblick, wo in dem Material eine Spannung pulsiert, die bei längerer Dauer zu einem Ermüdungsbruch führen muß, in dem Material eine wesensändernde Veränderung vor sich geht, die sich in den verschiedensten Eigenschaften zeigen muß.

Wenn ähnlich wie beim Zerreißversuch Kurven aufgezeichnet werden, welche die Funktion zwischen den aufgedrückten Spannungen und den verschiedenen Veränderungen im Material, die sich messen lassen, darstellen, so tritt nach dieser Anschauung in dem Augenblick eine Änderung der Gesetzmäßigkeit auf, in dem die Belastung eben den Wert erreicht hat, den das Material nicht überschreiten darf, ohne zu Bruch zu gehen.

Diese im Material auftretenden Erscheinungen können sein:

1. Das Maß der Formänderung, die ein Probestab unter steigender Belastung erleidet, etwa bei einem durch ein Biegungsmoment belasteten Stab, der durch Drehung eine Wechselbelastung erfährt, die Durchbiegung.

2. Das Maß der Arbeit, welche verbraucht wird, um den durchgebogenen Stab durch die Belastungskreisprozesse zu bringen.

3. Die Arbeit, die mit steigender Belastung zunehmen wird, wird in dem Material als Wärme erscheinen und es kann deshalb als Kennzeichen für die Erreichung der Schwingungsfestigkeit auch die Zunahme der Erwärmung dienen, die der Stab erfährt.

In der Erkenntnis der Wichtigkeit und Ausbaufähigkeit namentlich der zweiten Möglichkeit geht nun Dr.-Ing. Lehr in seiner bereits erwähnten Dissertation „Die Abkürzungsverfahren zur Ermittelung der Schwingungsfestigkeit von Materialien“ von einem Begriff aus, der sich im Lauf der Untersuchungen über das Problem „Dauerfestigkeit“ herausgebildet hat, dem Begriff Hysteresisarbeit.

Die Bezeichnung ist von ähnlichen Erscheinungen aus der Elektrotechnik entlehnt.

Unter elastischer Hysteresis versteht man die Erscheinung, daß bei einem Kreisprozeß, den die Belastung eines Materiales von 0 auf ein positives Maximum zu 0 über ein negatives Maximum wieder zu 0 zurück durchläuft, auch innerhalb des Gebietes der rein elastischen Dehnungen die Last-Dehnungskurve wider Erwarten nicht eine gerade Linie, sondern eine Schleife bildet, wie wir sie in den Magnetisierungskurven in der Elektrotechnik kennen.

---

[1] Dr.-Ing.-Dissertation. Stuttgart 1925.

Über die Natur dieser elastischen Hysteresis sind eine Reihe von Theorien aufgestellt, die aber, ähnlich wie bei den Theorien über das Wesen des Dauerbruches, nicht mehr als Arbeitshypothesen sein können. Eine wirkliche Erklärung der Erscheinung können wir vorläufig nicht geben.

Die allgemeine Meinung scheint dahin zu gehen, daß es sich um Änderungen im Bereich des molekularen Aufbaues handelt bzw. um Veränderungen in der Raumgitteranordnung.

Die elastische Hysteresis wird bei höheren Belastungsgraden ergänzt durch die plastische Hysteresis, die, stärker in derselben Richtung wie die elastische auftretend, eine Verbreiterung der Hysteresisschleife und zugleich eine Zunahme des Arbeitsbedarfes für den Kreisprozeß bewirkt, falls die Spannung die E-Grenze des Werkstoffes überschreitet.

Solange der Lastwechselkreisprozeß sich innerhalb des reinelastischen Gebietes abspielt, tritt nach außen kein Arbeitsbedarf auf, da die Formänderungsarbeit, die vom Prüfstab geleistet wird, bei dem Übergang von der negativen zur positiven Höchstspannung beim entgegengesetzten Übergang wieder gewonnen wird.

Lehr nennt diese Arbeit in Anlehnung an ähnliche Vorgänge in der Elektrotechnik eine wattlose Arbeit, die er in Beziehung setzt zu der Wattarbeit, die während des Lastwechsels im plastischen Gebiet geleistet wird, so daß er daraus eine charakteristische Zahl für jedes Material, die Güteziffer der Hysteresisverluste

$$H = \frac{\text{Wattarbeit}}{\text{wattlose Arbeit}},$$

erhält, die für die Beurteilung des Werkstoffes in Hinsicht seiner Eignung für Dauerbeanspruchung maßgebend sein soll.

Weiterhin will Lehr für jeden Werkstoff als Kennziffer für seine Eignung zum Ertragen von Dauerbeanspruchungen denjenigen Betrag von Hysteresisarbeit angesehen wissen, den der Werkstoff an der Spannung aufnimmt pro Kreisprozeß und Raumeinheit, bei der seine Dauerfestigkeit erreicht ist, d. h. also bei der höchsten Spannung, die er gerade noch in unendlich oft wiederholten Kreisprozessen aushält.

Dr.-Ing. Lehr hat nun mit der Firma Carl Schenk in Darmstadt eine weiter unten näher zu beschreibende Maschine durchkonstruiert, die es gestattet, die von dem Prüfstab aufgenommene Arbeit zu messen und damit die beiden oben charakterisierten Werte zu ermitteln.

Lehr hat auch eine große Anzahl von Werkstoffen untersucht und die entsprechenden Werte festgelegt. Kontrollversuche mit Lastwechselzahlen auf der Basis von 10^7 Lastwechseln haben für eine ganze Reihe von Stählen erwiesen, daß die ermittelten Schwingungsfestigkeitsgrenzen tatsächlich zu Recht bestehen.

Die Basis von 10^7 Lastwechseln bedeutet die Annahme, daß ein Werkstoff, von dem ein Stab auf der Maschine bei einer bestimmten Belastung

10^7 Lastwechsel ausgehalten hat, nicht mehr brechen wird, auch wenn er einer unendlichen Zahl von Lastwechseln ausgesetzt wird.

Für die Eisenkohlenstoff-Legierungen scheint dieses Verfahren durchaus brauchbare Werte der Schwingungsfestigkeit zu ergeben.

Da aber in steigendem Maße die Leichtmetall-Legierungen als Baustoffe an die Seite der Eisen-Kohlenstoff-Legierungen treten, scheint es angebracht, zu untersuchen, ob das, was für die ersteren gilt, auch dieselbe Berechtigung für die zweiten hat.

In seiner Dissertation bringt nun Lehr eine Untersuchung von Duralumin, dessen Art nicht näher bezeichnet ist.

Die Kurve der Hysteresisarbeit in Funktion der Spannung zeigt bei diesem Material eine eigenartige Abweichung von der Norm, insofern, als sie nicht eine einfache ansteigende Kurve mit Knick an der Stelle der erreichten Schwingungsfestigkeit zeigt, sondern ein Maximum bildet, nach dem die Kurve zunächst wieder abfällt, um dann in einen neuen Aufstieg einzutreten, der rasch zum Bruch der Probe führt.

Da gleichzeitig die Dehnungskurve bis zum Bruch ohne Knick geradlinig verläuft, scheint eigentlich kein Grund für diesen Verlauf der Kurve vorzuliegen und es ergab sich die Überlegung, ob hier nicht Verhältnisse vorliegen, die nichts mit dem Material als solchem zu tun haben.

Außerdem ergibt sich aus den Untersuchungen von Moore und Kommers, daß Proben von Duralumin auch lange nach der Erreichung von 10^7-Umdrehungen noch zu Bruch kamen, so daß offenbar hier das abgekürzte Verfahren auf der Basis von 10^7 Lastwechseln nicht ganz zu den richtigen Werten führen dürfte.

Moore hat in seiner Arbeit: „Restistance of mangenese Bronze, Duralumin and Elektronmetal to alternating stresses“[1] bereits festgestellt, daß Duralumin bei Drehzahlen von mehr als 100 Millionen bei einer bestimmten Belastung noch gebrochen ist, so daß also eine Erprobung dieses Materials auf der Grundlage der Bestimmung seiner Dauerfestigkeit bei nur 10^7 Lastwechseln wahrscheinlich keine ganz zuverlässigen Werte ergibt.

3. Zweck und Gang der Untersuchung.

Die vorliegende Arbeit hat den Zweck, diese Frage zu klären, soweit es sich um die knetbaren, veredelbaren Leichtmetall-Legierungen und — als Typus einer hochwertigen veredelbaren Gußlegierung — um Silumin handelt.

Die Untersuchung wurde so vorgenommen, daß zunächst die statischen Festigkeitseigenschaften der Werkstoffe ermittelt wurden und dann auf einer von der Firma Schenk gelieferten dynamischen Dauerbiegemaschine die Schwingungsfestigkeitsuntersuchungen vorgenommen wurden.

[1] Untersuchnng, vorgelegt bei der 26. Jahresversammlung der American Society for testing Materials in Philadelphia, Juni 1923.

Zur Verfügung standen die in Zahlentafel 1 verzeichneten Werkstoffe, die mit fortlaufender Numerierung versehen sind, unter der sie im folgenden der Kürze wegen angeführt werden.

Zahlentafel 1.

Bez. Nr.	Benennung des Materials	Bemerkungen
13	Duralumin 681 B	ausgeglüht
14	Duralumin 681 B	veredelt
15	Duralumin 681 B	Härte 1
16	Duralumin 681 B 1/3	ausgeglüht
17	Duralumin 681 B 1/3	veredelt
18	Duralumin 681 B 1/3	Härte 1
19	Duralumin 681 A	ausgeglüht
20	Duralumin 681 A	veredelt
21	Duralumin 681 A	Härte 1
22	Elektron V_1	
23	Elektron V_1 W	
24	Elektron A 5	
25	Elektron Z 1	
29	Elektron-Pleuelstangen	geschmiedet
26	Skleron	unvergütet
27	Silumin	gegossen mit $d=13$ mm
28	Silumin	gegossen mit $d=16$ mm
30	Lautal	ausgeglüht
31	Lautal	veredelt
32	Lautal	Härte 1

Die Werkstoffe lagen vor in gepreßten Stangen vom Durchmesser $d=20$—22 mm, mit Ausnahme der Materialien 27, 28, 29.

Die Materialien 27 und 28 waren keine gekneteten, sondern gegossene Siluminstäbe und zwar war das Material 27 mit einem Durchmesser von $d = 13$ mm und das Material 28 mit einem Durchmesser von $d = 18$ mm gegossen.

Es sollte hierbei untersucht werden, ob die Wandstärke einen wesentlichen Einfluß auf die Schwingungsfestigkeit hat. Die Untersuchungen ergaben gleiche Schwingungsfestigkeit für beide Arten von Stäben.

Das Material 29 bestand aus im Gesenk geschmiedeten Pleuelstangen für einen Automobilmotor, aus denen die Probestäbe sowohl für die Zugversuche wie für die Dauerversuche im kalten Wege herausgearbeitet worden waren.

Zur Feststellung des Verhaltens der Werkstoffe bei Stoß-Dauerbeanspruchung wurden gleichzeitig auf einer von der Firma Mohr und Federhaff in Mannheim gelieferten Dauerschlagmaschine Bauart Krupp ein Teil der Werkstoffe untersucht.

Im folgenden sind nun die Ergebnisse der verschiedenen Untersuchungen dargestellt.

I. Die statischen Festigkeitseigenschaften.

Die statischen Untersuchungen wurden an Proportionalstäben von

$$d = 10 \text{ mm}$$

bei einer Meßlänge von

$$l = 100 \text{ mm}$$

vorgenommen auf einer Pendelgewichts-Zerreißmaschine von Amsler und Lafond von 2 Tonnen Maximallast, die in Abb. 11 dargestellt ist.

Abb. 11. Statischer Zerreißversuch. Maschine von Amsler Lafond.

Für die festeren Werkstoffe, für welche der Bereich der kleinen Maschine nicht ausreichte, stand noch eine 25 Tonnen-Maschine der Bauart Grafenstaden zur Verfügung (Abb. 12).

Vor dem Beginn der Untersuchungen wurden beide Maschinen einer genauen Eichung mittels der zur Verfügung stehenden, geeichten Kontrollstäbe unterzogen. Bei der kleinen Maschine ergab die Eichung Abweichungen von den Sollwerten im Maximum von $\pm$ 0,13 vH, bei der großen Maschine solche von $\pm$ 0,47 vH innerhalb des Bereiches von 0—5000 kg, so daß also die Angaben beider Maschinen keiner Korrektur bedurften.

Für die Bestimmung der Elastizitätsgrenze wurden Martenssche Spiegel mit den entsprechenden Ablesefernrohren verwendet.

Es wurden an der Zerreißmaschine alle Werte bestimmt, die nach den Überlegungen über das Wesen der Dauerfestigkeit für die Lage des entsprechenden Punktes eine Rolle spielen könnten.

Diese sind:

1. Die Elastizitätsgrenze. Sie ist gewählt als diejenige Spannung, bei der der betreffende Werkstoff eine bleibende Dehnung von 0,001 vH zeigt, in Übereinstimmung mit der Festlegung durch den Internationalen Verband für die Materialprüfungen der Technik.

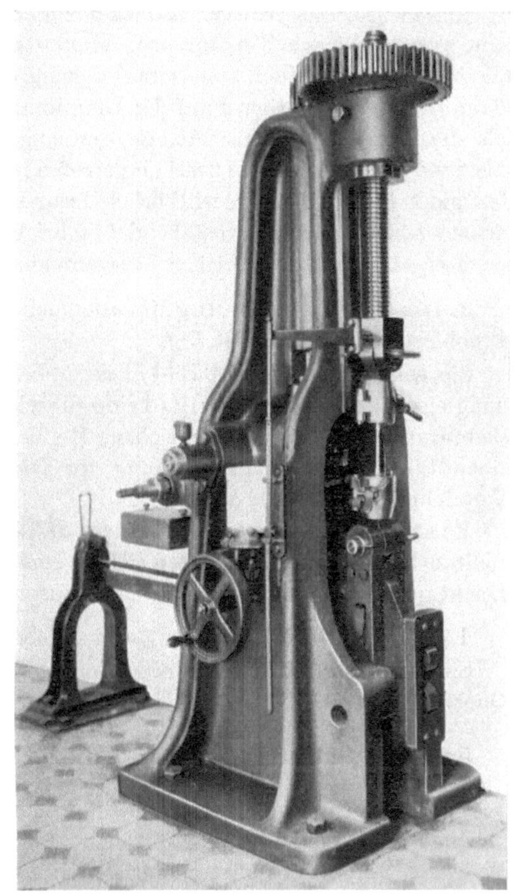

Abb. 12. Zerreißmaschine für 25 t. Bauart Grafenstaden.

Auf die Bestimmung der Elastizitätsgrenze wurde große Sorgfalt verwendet, weil ihre Bestimmung einmal schwierig ist wegen der Feinheit der Messung und der hierbei vorliegenden Fehlerquellen und zum zweiten wegen der Bedeutung, welche gerade der Elastizitätsgrenze für die Frage der Dauerfestigkeit beigelegt wird. Im weiteren wird noch auf die Bedeutung der Elastizitätsgrenze näher eingegangen werden.

Nach Abschluß der Versuche zur Ermittelung der statischen Festigkeitseigenschaften kam dem Verfasser die Arbeit von Dr.-Ing.

Welter[1] zur Hand, in der diese Schwierigkeiten eingehend auseinandergesetzt sind. Ähnliche Gedankengänge hatten den Verfasser zu allen Sicherungsmaßnahmen veranlaßt, die höchste Genauigkeit in der Bestimmung der Elastizitätsgrenze erwarten ließen.

2. Die Streckgrenze. Keines der untersuchten Materialien zeigte eine ausgesprochene Streckgrenze. Wenn das nicht der Fall ist, dann ist diese Grenze eigentlich von keinerlei grundsätzlicher Bedeutung, da sie dann nur ein willkürlicher auf der Diagrammlinie festgelegter Punkt ist, als den man gebräuchlicherweise denjenigen annimmt, bei dem eine bleibende Dehnung von 0,2 vH eingetreten ist. Für die Frage der Dauerfestigkeit kann ein solch willkürlich festgelegter Punkt kaum eine Bedeutung haben. Die nachstehend beschriebenen Versuche haben denn auch ergeben, daß ein solcher Zusammenhang nicht besteht.

3. Die Höchstspannung, im allgemeinen als Zerreißfestigkeit oder Bruchfestigkeit bezeichnet, σ_B.

Sie wurde bestimmt, obwohl diese, üblicherweise festgestellte, Spannung eigentlich nach Ludwik[1] keine physikalische Bedeutung hat, weil sie und die nachstehend beschriebene Reißfestigkeit immerhin erlauben, einen Einblick in die Veränderung der Festigkeitseigenschaften durch Veredelungsprozesse zu gewinnen.

Es soll hier schon erwähnt werden, daß die Erhöhung der so festgestellten Festigkeitseigenschaften sich in dem Verhalten der untersuchten Leichtmetall-Legierungen bei Dauerbeanspruchung nicht wiederholt.

4. Die Reißfestigkeit, $\sigma_{B\mathrm{eff.}}$

Sie ist festgelegt als die wahre Spannung beim Bruch, erhalten als Quotient aus der Bruchlast und dem Bruchquerschnitt.

5. Die Dehnung, $\delta = \frac{l - l_0}{l} \cdot 100\,\mathrm{vH}$.

Für die Bestimmung der Bruchdehnung wurden die Stäbe in der üblichen Weise mit Teilung versehen, um den Einfluß des gegen das Ende des Stabes zu eintretenden Bruches auszugleichen.

6. Die Einschnürung, $q = \frac{f_0 - f_q}{f_0} \cdot 100\,\mathrm{vH}$.

7. Die Dauerstandfestigkeit, $\sigma_{\mathrm{st.}}$

Sie wurde nach dem von Pomp und Dahmen[2] angegebenen Abkürzungsverfahren bestimmt.

Die Dauerstandfestigkeit wird darin festgelegt als diejenige Spannung

[1] Z. Metallkunde 1927, S. 232—237 u. 265—274.

[2] In den Mitteilungen aus dem Institut für Eisenforschung zu Düsseldorf, Bd. IX, Lieferung 3.

in dem Material, bei der eine Zunahme der Dehnung des Stabes bzw. seiner Meßlänge eintritt mit einer Geschwindigkeit von

$$v = 0{,}001 \text{ vH/Stunde}.$$

In den Abb. 13—16 sind als Beispiele der Ausführung dieses Verfahrens die Bestimmungen der Dauerstandfestigkeit für die Materialien 19 und 20 (ausgeglühte und veredelte Duraluminlegierungen) und 30 und 31 (ausgeglühtes und veredeltes Lautal) durchgeführt und beigegeben worden.

Die Bestimmung wurde an Proportionalstäben von 10 mm Durchmesser und 100 mm Meßlänge auf der Amsler Lafondmaschine von 2 Ton-

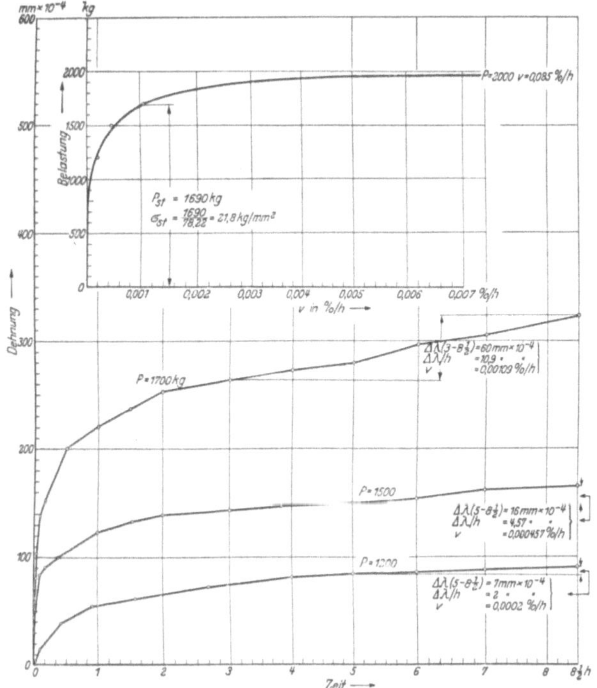

Abb. 13. Bestimmung der Standfestigkeit für Material 19 (Duralumin geglüht).

nen Maximallast bzw. auf der Grafenstaden-Maschine von 25 Tonnen Maximallast durchgeführt.

Die Stäbe wurden mit Martensschen Spiegeln versehen, an denen mit Ablesefernrohren die Dehnungen in mm · 10^{-4} abgelesen wurden.

Zuerst wurde die Elastizitätsgrenze festgestellt und bei dieser Belastung der Stab über 10 Stunden beobachtet. Zu Beginn wurde im Zeitraum von 10 Minuten jede Minute, darauf bis zur ersten Stunde alle Viertelstunden und hierauf jede halbe Stunde eine Ablesung gemacht. Es stellte sich dabei heraus, daß bei der Belastung, die der Elastizitätsgrenze $\sigma_{E\,0,001}$ vH entsprach, der Stab keinerlei Änderung seiner Länge erfuhr. Die Temperatur des Raumes war praktisch konstant, sie zeigte Schwankungen zu den Ablesezeiten zwischen 20 und 18° C.

Der Stab wurde dann weiterhin einer höheren Belastung unterworfen und hierbei in derselben Weise die Dehnungen in mm · 10^{-4} abgelesen. Die gefundenen Werte wurden in die Kurvenblätter eingetragen in einem Koordinatensystem, in dem die Abszissen die Zeit in Stunden, die Ordinaten die gefundenen Dehnungen in mm · 10^{-4} darstellen.

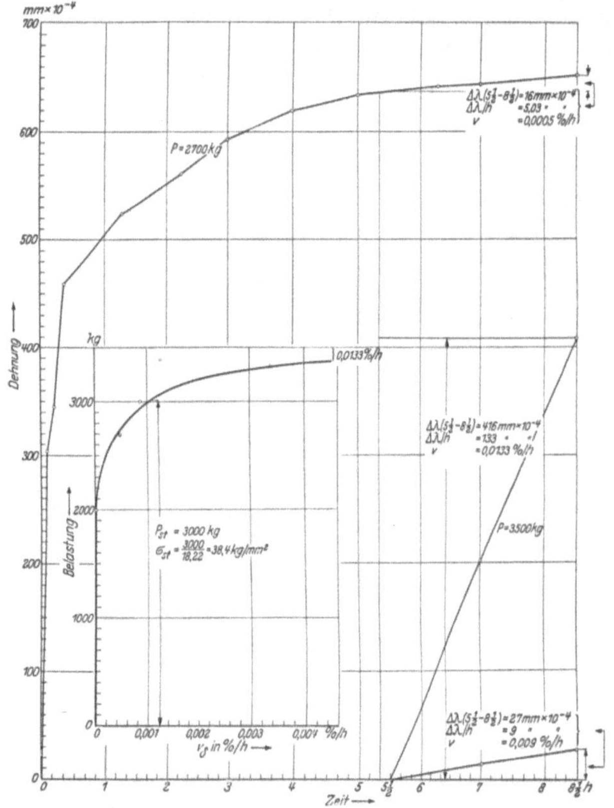

Abb. 14. Bestimmung der Standfestigkeit für Material 20 (Duralumin veredelt).

Die Abhängigkeit der Dehnung von der Zeit stellt sich dabei dar als eine Kurve, die zunächst steil ansteigt, um dann etwa zwischen der 3. und der 5. Stunde allmählich in eine gerade Linie einzumünden, deren Neigung der Geschwindigkeit, mit der die Dehnung in der Zeit zunimmt, entspricht.

Aus dieser geradlinigen Strecke der Kurve wurde dann ein Abschnitt zwischen der 5. und $8^1/_2$ten Stunde gewählt, aus dem die Dehnungszunahme in einer Stunde errechnet wurde.

Da die Meßlänge des Stabes

$$1 = 100 \text{ mm}$$

gewählt wurde, so bedeutet eine Zunahme

$$\Delta l = 10 \text{ mm} \cdot 10^{-4}/\text{Stunde}$$

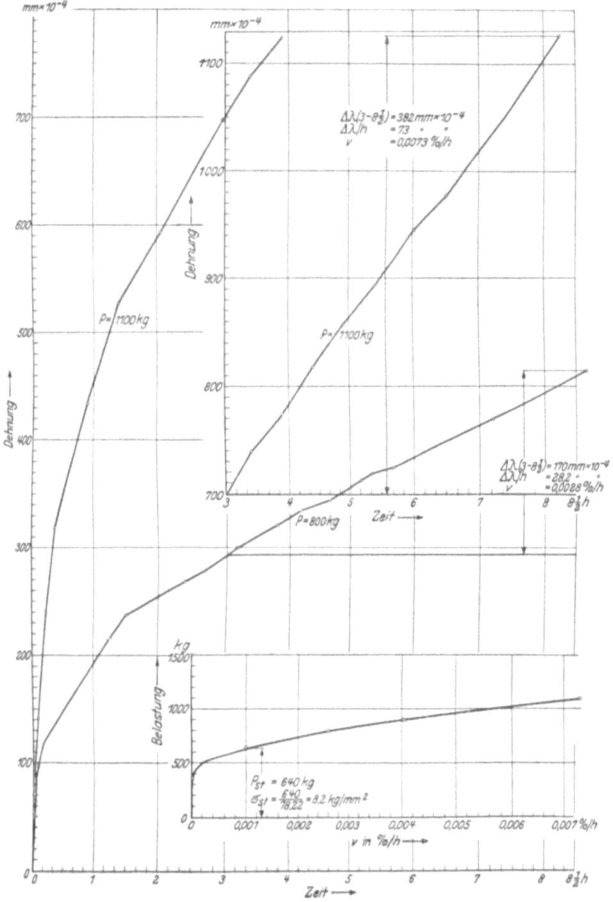

Abb. 15. Bestimmung der Standfestigkeit für Material 30 (Lautal geglüht).

eine Geschwindigkeit der Dehnungszunahme

$$v = 0{,}001 \text{ vH/Stunde.}$$

Die Geschwindigkeit der Dehnungszunahme wurde auf diese Weise am selben Stab bei 2 bzw. 3 verschiedenen Laststufen oberhalb der Elastizitätsgrenze bestimmt, so daß also mit dem Punkt an der E-Grenze, in dem in allen Fällen

$$v = 0 \text{ vH/Stunde}$$

sich zeigte, 3 bzw. 4 Punkte einer Kurve gegeben waren, die in Abhängigkeit von der Laststufe die Geschwindigkeit v der Dehnungszunahme in vH/Stunde darstellt.

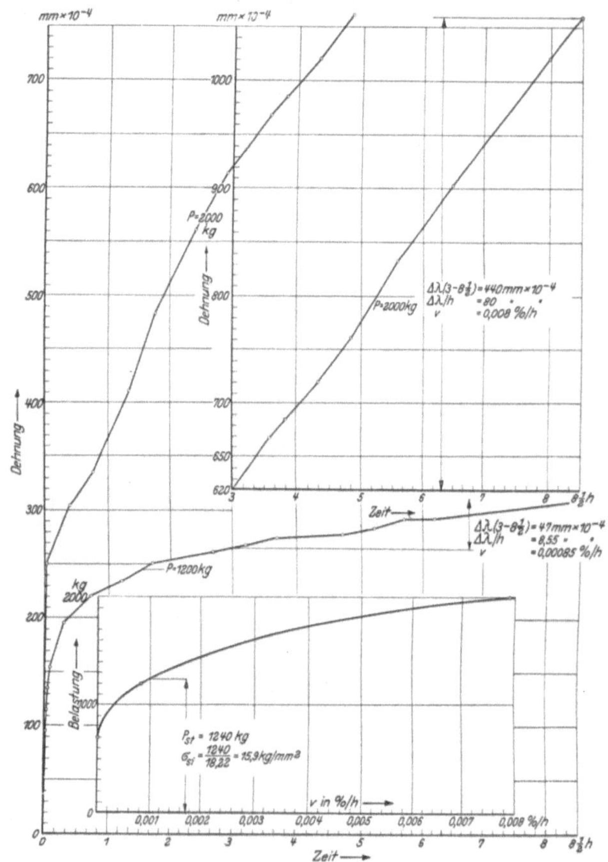

Abb. 16. Bestimmung der Standfestigkeit für Material 31 (Lautal veredelt).

Auf den Abb. 13—16 sind diese Kurven für das betreffende Material dargestellt und aus diesen Kurven konnten dann die Belastungen entnommen werden, bei denen die Geschwindigkeit der Dehnungszunahme den Betrag

$$v = 0{,}001 \text{ vH/Stunde}$$

erreicht. Hieraus ergibt sich dann die Dauerstandfestigkeit des Werkstoffes

$$\sigma_{st} = \frac{P_{st}}{F} \text{ kg/qmm.}$$

Die so erhaltenen Werte sind zusammen mit den später zu erläuternden Werten der Schwingungsfestigkeit in der Zahlentafel 2 zusammengestellt.

Sie stellen die Durchschnittswerte von je 5 Probestäben des jeweiligen Werkstoffes dar, mit Ausnahme der Dauerstandfestigkeit, die des langwierigen Verfahrens wegen nur an je einem Stab festgestellt wurde.

Zahlentafel 2. Zusammenstellung aller ermittelten Festigkeitswerte.

Material	$\sigma_{E\,0,001}$ kg/qmm	σ_B kg/qmm	$\sigma_{B\,\mathrm{eff}}$ kg/qmm	δ vH	q vH	σ_{st} kg/qmm	σ_D kg/qmm	A_{spez} mkg/qcm
13	11	26	33	8,5	32	21,8	10	2,99
14	16,7	47,5	56,5	15,1	21	38,5	12	3,93
15	16,8	52,3	63,8	12,25	23,5	32,5	10	
16	10,5	26	39	10	43	19,5	10	2,95
17	16,9	41	55,4	20,6	34,7	28,8	11	3,87
18	18,7	45,6	63,5	13	34	32,0	10	
19	10,5	26	38	10	40	17,25	10	2,97
20	17,0	42,7	58	19,5	39	34,8	12	3,92
21	18,3	45	60	12,5	34	36,2	11	
30	3,82	19,5	27,7	19,7	38	7,45	9	
31	9,02	32,5	41	21	34	19,5	10	
32	9,5	35,5	49	23	34	26,6	11	
22	5,3	35,6	36,5	4	5,6	20	15	
23	12,2	36,1	40,5	5,6	8	26,8	15	
24	4,75	30,7	41,3	10,7	33,3	18,6	13	
25	4,8	25,3	37,3	17,1	34	13,5	11	
29	6,5	30	35	11	22	17,5	11	
26	26	52	61	13	17	38	11	
27	3,2	19	20	7,5	8	—	4	
28	3,2	17,5	18	3,7	4,5	—	4	

Erläuterung zu Zahlentafel 2.

Es bedeuten:

$\sigma_{E\,0,001}$ Spannung an der Elastizitätsgrenze bei bleibender Dehnung von 0,001 vH in kg/qmm,

σ_B Spannung bei Erreichung der Höchstlast (Bruch-Zerreißfestigkeit) in kg/qmm,

$\sigma_{B\,\mathrm{eff}}$ Effektive Spannung beim Bruch in kg/qmm

δ Bruchdehnung in vH,

q Querzusammenziehung in vH,

σ_{st} Dauerstandfestigkeit in kg/qmm,

σ_D Schwingungsfestigkeit in kg/qmm,

A_{spez} Spezifische Schlagarbeit in mkg/qcm.

II. Die Bestimmung der Dauerfestigkeit.

A. Die Schwingungsfestigkeit.

1. Die Versuchseinrichtung.

Die Schwingungsfestigkeit der verschiedenen Werkstoffe wurde an der von der Firma Schenk in Darmstadt gelieferten dynamischen Dauerbiegemaschine ermittelt, die in Abb. 17 in Ansicht dargestellt ist, während Abb. 18 eine vereinfachte Konstruktionszeichnung der Maschine gibt.

Sie besteht im wesentlichen aus einem gußeisernen Fuß, auf dem Kugellager 1—1, ein Zählwerk 4 und der Gleichstrommotor 5 fest

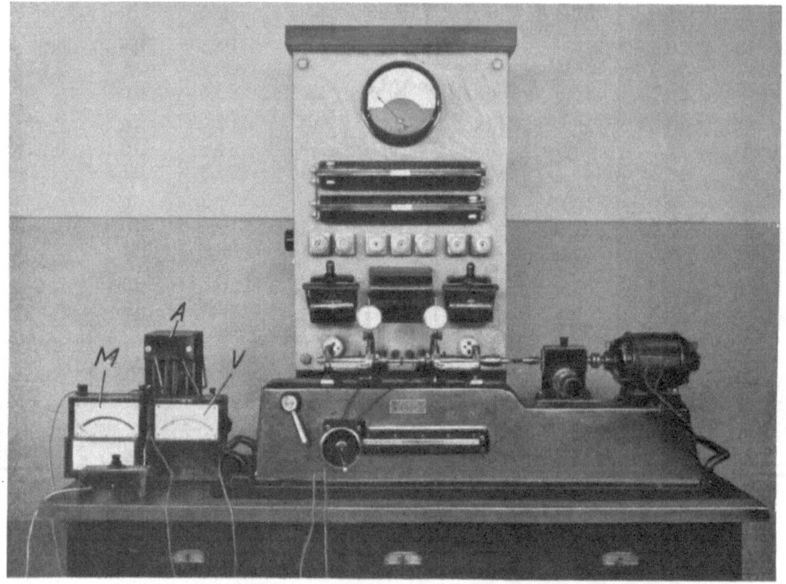

Abb. 17. Maschine für dynamische Dauer-Biegeprüfung von Schenk.

aufmontiert sind. Zwischen den beiden festen Kugellagern können sich zwei Kugellager 2—2 in einem entsprechenden Ausschnitt der Grundplatte vertikal auf und ab bewegen. Diese Lager 2—2 sind durch die Zugstangen 3—3 mit einer Traverse 7 verbunden, die durch eine Zugstange 6 an einem Punkt eines einarmigen Hebels 17 angreift, der das Laufgewicht 8 trägt, das durch die Schraubenspindel 9 auf diesem Hebel bewegt werden kann.

Durch den Abstand dieses Laufgewichts von dem Drehpunkt dieses Hebels wird die Größe der Kraft bestimmt, mit der die Zugstange die Traverse nach unten zieht. Da die Traverse gelenkig mit den Zugstangen an den Mittellagern 2—2 verbunden ist, wird diese Kraft gleichmäßig auf die beiden Lager verteilt.

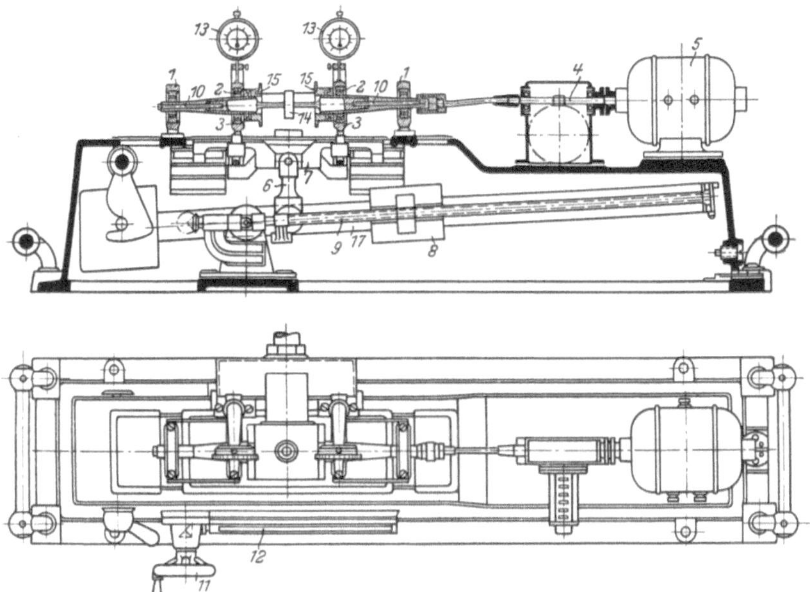

Abb. 18. Konstruktionszeichnung der dynamischen Biegeprüfmaschine von Schenk.

Diese Lager 2—2 greifen nun, wie in der Abb. 19 im Schema des Lastangriffs gezeigt ist, über die Enden zweier Wellen aus Stahl 10—10, deren andere Enden in den Lagern 1—1 ruhen.

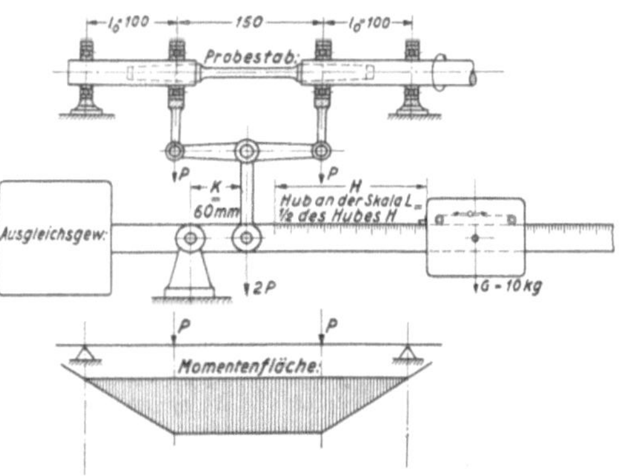

Abb. 19. Schema des Lastangriffs.

Diese stählernen, gehärteten Wellenenden haben je eine konische Bohrung, in welche das konische Ende des Prüfstabes (Abb. 20) eingeführt und festgehalten wird durch eine Kopfschraube, die sich einerseits an der Stirnseite des jeweiligen Wellenendes auflegt, während sie im Stab sich in eine entsprechende, mit Gewinde versehene Bohrung fügt. Durch das Anziehen dieser Schrauben wird der Stab so in die Wellenbohrung gezogen, daß der Stab und die beiden Wellenenden ein Ganzes bilden.

Die beiden durch das Laufgewicht 8 über die Traverse belasteten Zugstangen 3—3 erhalten dadurch einen Angriffspunkt, durch den sie die Belastung auf den Probestab übertragen, so wie es in dem Belastungsschema in der Abb. 19 dargestellt ist.

Die Verschiebung des Laufgewichts und damit die Änderung der Belastung des Stabes geschieht mit Kegelradübertragung durch ein Handrad 11 über die Schraubenspindel 9. Die Stellung des Laufgewichts wird durch eine Skala mit Millimetereinteilung angezeigt, die sich bei 12 (Abb. 18) auf dem Untergestell der Maschine befindet.

Abb. 20. Prüfstab zur Bestimmung der Schwingungsfestigkeit.

Die Übersetzung ist so gewählt, daß die Bewegung des Zeigers an der Skala halb so groß ist als die Bewegung des Schwerpunkts des Laufgewichts von dem Drehpunkt des Hebels ab.

Damit ergibt sich mit den Verhältnissen der Abb. 19 folgende

Berechnung der Stabbelastung.

Es ist

$$2P = \frac{H\text{ cm}}{K\text{ cm}} \cdot G\text{ kg}$$

$$P = \frac{10}{2 \cdot 6} \cdot H\text{ kg}.$$

Damit wird das Biegungsmoment

$$M_b = P \cdot l_0 \text{ cm/kg}$$

$$= \frac{10 \cdot 10}{2 \cdot 6} H \text{ cm/kg}$$

$$= \frac{10 \cdot 10}{2 \cdot 6} \cdot 2L \text{ cm/kg},$$

wobei L die Anzeige des Zeigers auf der Skala am Maschinengestell bedeutet.

Die maximale Spannung in der äußersten Faser des Stabes wird

$$\sigma_{\max} = \frac{M_b}{W} \text{ kg/qcm} = \frac{100}{6 \cdot W} \text{ kg/cm}^2,$$

und zwar positiv, d. h. Zug, bzw. negativ, d. h. Druck, je nachdem es sich um die gezogene oder die gedrückte Faser handelt.

Um nun möglichst feine Einstellmöglichkeit für die Stabbelastung zu haben, wurde der Stab so gewählt, daß die Verschiebung des Skalenzeigers um 1 cm einer Vergrößerung der Spannung in der äußersten Faser um 2 kg/qmm entsprach, wodurch also noch eine sichere Einstellung auch auf Lastunterschiede von 1 kg/qmm ermöglicht war.

Hierbei errechnet sich der erforderliche Stabdurchmesser aus

$$\frac{\pi d^3}{32} = \frac{100}{2 \cdot 6} \text{cm}^3$$

zu

$$d = 0{,}945 \text{ cm}.$$

Der Versuchsstab ist in der Abb. 20 dargestellt, er wurde für alle Werkstoffe in seinem zylindrischen Teil mit einem Durchmesser von

$$d = 9{,}45 \text{ mm}$$

ausgeführt.

Wie aus der Abb. 19 ersichtlich, in der die Momentenfläche dargestellt ist, ist über der ganzen zylindrischen Länge des Stabes gleiches Biegungsmoment vorhanden, so daß kein Punkt vor dem anderen ausgezeichnet ist.

Die Stäbe wurden sorgfältigst hergestellt, wobei vor allen Dingen auf einen tadellosen Übergang der Hohlkehle in den zylindrischen Teil geachtet wurde und auf tadellose Beschaffenheit der Oberfläche, die durch Schmirgeln mit feinstem Schmirgelpapier (Nr. 000) und nachfolgendem Polieren erreicht wurde.

Es wurde dadurch auch erreicht, daß der größte Teil der Stäbe in der Mitte des zylindrischen Teiles brach. Die für die Versuche gefährliche Kerbwirkung, welche die Ergebnisse trüben könnte, war damit nach Möglichkeit ausgeschaltet.

2. Die Messungen.

Zu messen waren:

a) Die vom Motor 5 in Abb. 18 bei wachsender Belastung des Stabes aufgenommene elektrische Leistung in Watt.

Diese wurde ermittelt durch ein im Nebenschluß zum Ankerstrom eingeschaltetes Präzisionsamperemeter M (Abb. 17). Der Widerstand des Amperemeters und seiner Zuleitungen war so bemessen, daß die Anzeige von 1 Grad der Skala einem Strom von 1 Milliampere entsprach.

Da hierbei bei höheren Belastungen der Stäbe der Meßbereich des Instruments nicht ausreichte, wurde eine Gegenspannung an das Instrument gelegt, die einem Akkumulator A (Abb. 17) entnommen wurde, und die durch einen fein regelbaren Widerstand genau eingestellt werden konnte.

Es wurde dann so vorgegangen, daß die Maschine zunächst bei unbelastetem Stab angelassen wurde auf eine Drehzahl von $n = 3500$ pro Minute und dann ein Beharrungszustand abgewartet wurde, der sich im allgemeinen nach etwa einer halben Stunde einstellte.

Dann wurde die Spannung des Akkumulators gegen die Spannung des zu messenden Stromes gelegt und nun mit dem Regelwiderstand die Anzeige auf 0 gebracht, so daß nunmehr direkt die Stromzunahme bei der Belastung des Stabes durch das Laufgewicht abgelesen werden konnte unter Ausschaltung der ursprünglichen Leerlaufarbeit der Maschine.

Der Antriebsmotor bekam seinen Strom direkt aus der Akkumulatorenbatterie der Technischen Hochschule, deren Spannung nur in großen Zeiträumen Schwankungen zwischen 220 und 218 Volt zeigte. Die Spannung konnte somit als konstant angenommen werden und es erübrigte sich die Inbetriebnahme des der Maschine beigegebenen Umformeraggregats.

Es wurde aber trotzdem bei jeder Ablesung der Stromstärke auch die Spannungsanzeige mit abgelesen und aus diesen beiden Ablesungen dann die aufgenommene Leistung in Watt errechnet.

Abb. 21. Einzelheiten zur Dauer-Biegeprüfmaschine.

b) Die Durchbiegung.

Sie wurde an den beiden beweglichen Lagern 2—2 (Abb. 18 und 21) durch Meßuhren 13 gemessen, die sich mit ihrem unteren Ende auf entsprechende oben geschliffene Stahlwarzen auf den Deckeln der Lager legen.

Die Meßuhren sind so geeicht, daß die Bewegung des Lagers und damit die Durchbiegung des Stabes in mm^{-2} abgelesen werden kann. Als Wert der Durchbiegung wurde das arithmetische Mittel beider Ablesungen genommen.

c) Die Erwärmung des Stabes.

Sie wurde mittels eines Eisen-Konstantan-Thermo-Elementes gemessen. Dieses Element ist so eingerichtet, daß die Lötstelle zugleich die eine Hälfte einer Klemmbüchse 14 (Abb. 18 und 21) darstellt, die mit einer zweiten Hälfte zusammen auf den Stab geklemmt werden kann. Die freien Enden des Elementes werden mit zwei Schleifringen 15 verbunden, die isoliert auf den Hülsen sitzen, die den Stab in sich tragen. Von dort wird die entstehende Spannung und damit der Strom mit Schleifbürsten 16 abgenommen und zu den Klemmen eines Präzisionsvoltmeters V geleitet, dessen Skala direkt nach Celsiusgraden geeicht ist, so daß also die Zunahme der Erwärmung unmittelbar abgelesen werden konnte.

Die Anzeige des Instruments wurde nachgeprüft durch Vergleich mit den Angaben eines geeichten Quecksilberthermometers und für den vorliegenden Zweck in genügender Übereinstimmung gefunden.

3. Die Durchführung der Versuche.

a) Vorversuche zur Ermittlung der Charakteristik der Maschine.

Zunächst wurden Vorversuche angestellt mit dem Ziel, den Stromverbrauch der Maschine bei verschiedenen Lagerbelastungen und bei verschiedener Schrägstellung der Lager und damit der verschiedenen Abbiegungen der biegsamen Welle zu ermitteln.

Zur Feststellung dieses Arbeitsbedarfs waren zwei Reihen von Vorversuchen notwendig, und zwar:

α) **Ermittlung des Einflusses der Lagerreibung mit steigender Belastung.** Dieser Einfluß wurde dadurch festgestellt, daß ein Stab eingespannt wurde, der bei den möglichen Belastungen bestimmt auch mit den äußersten Fasern unterhalb der Elastizitätsgrenze blieb, also auch bestimmt keine Arbeitsaufnahme zeigen konnte. Hierzu wurde ein Stab aus S.-M.-Stahl gewählt von den Abmessungen der Abb. 22. Der verwendete Stahl hatte eine E-Grenze bei $\sigma_E = 24{,}1$ kg/qmm bei einer Festigkeit von $\sigma_B = 50$ kg/qmm.

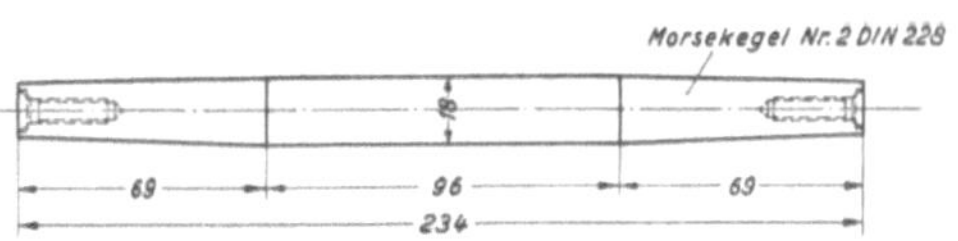

Abb. 22. Stab für Eichung der Maschine.

Der Stab wurde dann durch Verschiebung des Laufgewichts allmählich belastet und die Steigerung der Stromaufnahme beobachtet. Es wurde hierbei streng darauf geachtet, daß vor dem Beginn der Lastaufbringung ein Beharrungszustand an der Maschine eingetreten war, und es wurden auch die Ablesungen der Stromaufnahme erst dann gemacht, wenn nach jeder Belastung ein Beharrungszustand eingetreten war.

Aus der ermittelten Stromaufnahme und der jeweils hierbei abgelesenen Spannung wurde die aufgenommene Leistung in Watt errechnet.

β) **Ermittlung des Einflusses der Stellung der biegsamen Welle und der Schrägstellung der Lager.** Die Lager sind als Pendellager ausgebildet, bei denen der Einfluß der Schrägstellung verschwindend klein ist.

Das rechte bewegliche Lager wurde vertikal auf und ab bewegt und dabei an der eingestellten Meßuhr der zu der jeweiligen Lage des Lagers gehörige Wert der Durchbiegung des Stabes abgelesen. Von 10 zu 10 mm^{-2} wurde dabei die Stromaufnahme abgelesen und die Leistung in Watt bestimmt, um welche der Durchbiegung entsprechend die Leistung des Motors zunahm. Der Einfluß dieser Schrägstellung stellte sich im Verhältnis zu der Leistungssteigerung durch die Lagerbelastung als sehr gering heraus. Die entsprechenden Werte wurden zu einer Korrektur der nach 1 erhaltenen Werte verwendet.

Das Kurvenblatt Abb. 23 zeigt die erhaltenen Werte aufgetragen in Funktion der Spannung in der äußersten Faser eines gedachten Stabes vom Durchmesser des sonst verwendeten Probestabes $d = 9{,}45$ mm, wenn er mit der Last beansprucht worden wäre, die der Stellung des Laufgewichts und damit des Zeigers auf der Skala entsprach, die bei den einzelnen Laststufen für den Leerlaufstab eingestellt worden war.

In dem Kurvenblatt Abb. 23 sind die so ermittelten Werte dadurch der tatsächlichen Leistungsaufnahme angenähert, daß zu den nach 1. erhaltenen Werten diejenigen Leistungsteile addiert wurden, die aus Versuchsreihe 2 entnommen wurden, entsprechend der Durchbiegung, die bei der jeweiligen Laststufe erfahrungsgemäß an den Leichtmetallversuchsstäben auftrat.

Es zeigte sich schon bei den ersten Versuchen, daß ganz erhebliche Streuungen in diesen Werten auftraten, obwohl durch lange Beobachtung bis zur Einstellung des jeweiligen Beharrungszustandes und durch peinliche Beachtung aller Fehlerquellen, die in der Art der Lagerschmierung und der Bürstenspannung am Motor vor allen Dingen lagen, alles versucht wurde, um gleichmäßige Werte zu erhalten.

Es wurden deshalb während der ganzen Dauer der Versuche in regelmäßigen Abständen immer wieder neue Aufnahmen dieser Leerlauf-Leistungszunahme aufgenommen und die erhaltenen Mittelwerte mit den größten Abweichungen nach oben und nach unten in das Kurvenblatt Abb. 23 eingetragen.

Das Kurvenblatt Abb. 23 zeigt die Mittelwerte aus 25 verschiedenen Eichungen in der mittleren Hauptkurve. In den schwach ausgezogenen Kurven sind die größten Abweichungen nach oben und nach unten gezeigt.

Da das Ziel der Arbeit in der Ermittlung des Lehrschen Leistungsfaktors und der Hysteresisarbeit an der Grenze der Dauerfestigkeit pro Kreisprozeß und Volumeneinheit war, wurde mit allen Mitteln versucht, die Hysteresisarbeit zu bestimmen, die sich darstellt als der Unterschied aus den Gesamtwerten der Leistungsaufnahme und der Leistungsaufnahme der Maschine selbst bei Erhöhung der Belastung.

Es wurde versucht, brauchbare Werte dadurch zu erhalten, daß vor jedem Versuchslauf mit Probestab eine Eichung der Maschine vorge-

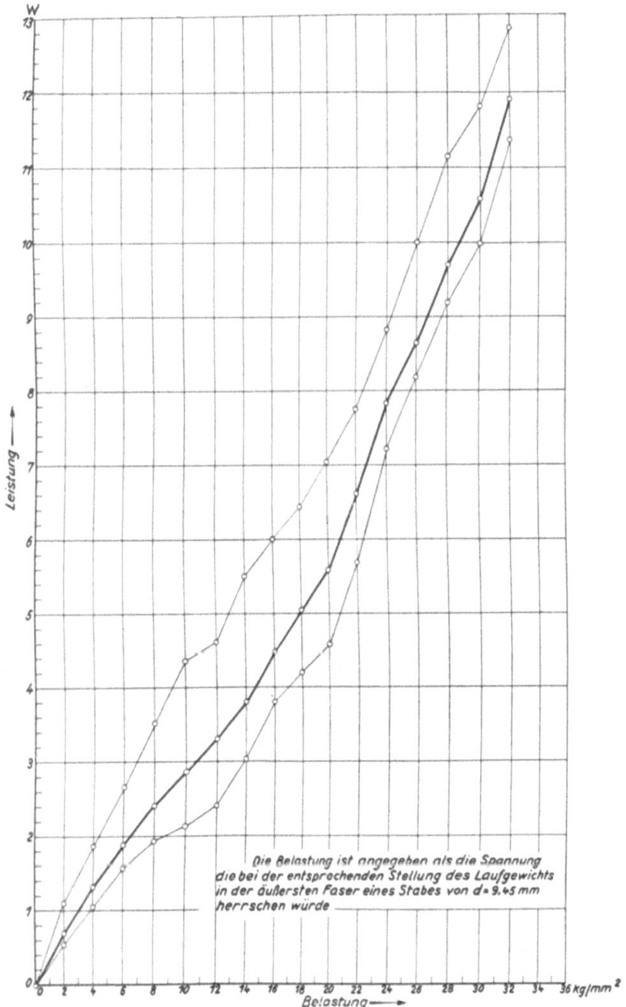

Abb. 23. Leerlaufleistung der Maschine in Abhängigkeit von der Lagerbelastung.

nommen wurde. Da aber Auswechselung des Stabes und also ein Umbau der Maschine damit verbunden sein mußte, ergaben sich stets nur Werte, die innerhalb der durch die aufgenommenen Kurven festgelegten Fehlergrenzen lagen.

Es war nicht möglich, die Lehrschen Zahlen für die vorliegenden Materialien zu erhalten, die für Stähle auf der verfügbaren Maschine einwandfrei zu ermitteln sind.

Bei den untersuchten Materialien ist die Arbeitsaufnahme so geringfügig, daß sie auf die verhältnismäßig grobe Art, wie sie die Maschine erlaubt, nicht festgestellt werden kann.

Es müßte versucht werden, die Fehlerquelle der Bürstenreibung auszuschalten, etwa dadurch, daß an Stelle des Gleichstrommotors ein Drehstrommotor nach der Käfigbauart verwendet würde, der diesen Übelstand vermeidet. Es ist aber fraglich, ob nicht schon die geringen Unterschiede in der Lagerreibung, die trotz sorgfältigster Wartung auftreten können, genügen, um das Bild der tatsächlichen Arbeitsaufnahme durch den Stab zu verwischen.

Da es in der vorliegenden Arbeit in erster Linie darauf ankam, die tatsächliche Dauerfestigkeit der untersuchten Werkstoffe festzustellen, wurde von einer Änderung der Maschine in der angegebenen Richtung zunächst abgesehen. Der Verfasser begnügte sich damit, einen Mittelwert der aufgenommenen Arbeit zu suchen in der Weise, daß die Zunahme der Leerlaufarbeit mit in den Werten enthalten ist.

Es kam vor allen Dingen darauf an, festzustellen, ob ebenso, wie es bei den Eisen-Kohlenstoff-Legierungen der Fall ist, sich ein sicherer Knickpunkt in einer der drei aufzunehmenden Kurven zeigen würde, der sicher und zuverlässig diejenige Spannung bezeichnet, bei welcher die Schwingungsfestigkeit des Materials erreicht ist.

Dieser Knick bzw. diese plötzliche Ablenkung muß ebenso bei der Summe der Arbeiten entstehen, wie er bei der Betrachtung der Differenzarbeit entsteht.

b) Die Untersuchung der Verwendbarkeit der Abkürzungsverfahren.

Es wurden außer einer Anzahl von Vorversuchen, die zur Orientierung vorgenommen wurden, ohne daß ihre Ergebnisse für die Auswertung verwendet wurden, von den verschiedenen Werkstoffen Stäbe in der Anzahl zwischen 6 und 12 untersucht und folgende Kurven von ihnen aufgenommen:

1. Die Kurve der aufgenommenen Leistung in Watt, in Abhängigkeit von der Spannung in der äußersten Faser des Stabes, entsprechend der weiter vorn gegebenen Berechnung.

2. Die Kurve der Durchbiegung des Stabes gemessen in $mm \cdot 10^{-2}$ in Abhängigkeit von der Spannung in der äußersten Faser des Stabes.

3. Die Kurve der Temperatursteigerung in Celsiusgraden in Abhängigkeit von der Spannung in der äußersten Faser des Stabes.

Zu 1. Leistungsaufnahme. Bei der Aufnahme der Kurven wurde in folgender Weise vorgegangen:

Der sorgfältig bearbeitete Stab wurde eingebaut und daraufhin die Maschine zunächst ohne Belastung des Stabes angelassen unter Beobachtung der Stromanzeige, die zu Anfang wegen kalter Lager, kaltem Motor und stärkerer Bürstenreibung allmählich absank.

Die Beobachtung wurde solange fortgesetzt, bis während einer halben Stunde keine Veränderung der Stromanzeige zu konstatieren war. Im Durchschnitt dauerte es bis zum Eintritt dieses Beharrungszustandes eine halbe Stunde, so daß also stets ein Vorlauf bei unbelastetem Stab von etwa einer Stunde vorgenommen wurde. Nun wurde der Stab durch die Verschiebung des Laufgewichts mittels des Handrades entsprechend dem Stabdurchmesser belastet, so daß in der äußersten Faser eine Spannung von 2 kg/qmm entstand und dieser Zustand bis zur Erreichung eines neuen Beharrungszustandes belassen.

Die Erfahrung ergab, daß dieser neue Beharrungszustand bei einer Drehzahl von $n = 3500$/min in spätestens 5 Minuten eintrat, was einer Drehzahl von annähernd 15000 Umdrehungen entspricht.

Es wurde deshalb stets nach 15000 Umdrehungen die Belastung um 2, in einzelnen Fällen auch um 1 kg/qmm erhöht und dabei Stromanzeige, Spannung, Durchbiegung und Temperatur abgelesen.

Bei den beiden ersten Stäben jedes Werkstoffes wurde diese Steigerung der Belastung in derselben Weise fortgesetzt bis zum Bruch des Stabes, und aus den Angaben der Aufzeichnungen wurden, nach Errechnung der Leistung aus Stromstärke und Spannung des Arbeitsstromes, die Kurven der Arbeitsaufnahme, der Durchbiegung und der Temperatursteigerung aufgezeichnet.

Zahlentafel 3. Leistung in Watt, Durchbiegung f in mm·10^{-2}. Temperatursteigerung t in Celsiusgraden. Material: 13.

Versuchs-Nr.	Spannung in kg/qmm								
	2	4	6	8	10	12	14	16	18
1	0,55	0,66	1,10	1,43	1,54	1,84	2,20	2,74	3,08
2	0,22	0,66	1,21	1,32	1,43	1,98	2,82	7,04	11,0
3	0,99	1,43	2,09	2,42	3,08	3,30			
4	0,33	1,10	1,54	1,98	2,31	2,64			
5	0,66	1,43	1,54	1,65	1,76				
Mittel	0,55	1,05	1,49	1,76	2,02	2,19	2,51	4,88	7,04
f	26	51	75	100	125	152	176	210	253
t	0	0	0	0	0	0	0	0	0

Zahlentafel 4. Leistung in Watt, Durchbiegung f in mm · 10^{-2}. Temperatursteigerung t in Celsiusgraden. Material: 14.

Versuchs-Nr.	Spannung in kg/qmm												
	2	4	6	8	10	12	14	16	18	20	22	24	26
1	0,55	1,16	2,2	3,08	3,96	4,52	5,50	5,95	6,72	7,27	7,95	8,82	8,82
2	0,33	0,88	1,65	2,20	2,97	3,52	4,07	5,07	5,72	6,50			
3	0,45	0,78	1,57	2,13	2,69	3,45	4,12	4,95					
4	0,67	0,86	1,86	2,20	2,85	3,52	4,25						
5	0,66	1,21	2,46	3,19	3,30	3,95	4,40						
Mittel	0,53	1,02	1,94	2,56	3,15	3,79	4,57	5,32	6,22	6,88	7,95	8,82	8,82
f	26	51	76	101	125	154	177	203	228	253	278	303	329
t	0	0	0	1	1	1	1	2	2	2	3	3	3

Zahlentafel 5. Leistung in Watt, Durchbiegung f in mm · 10^{-2}. Temperatursteigerung t in Celsiusgraden. Material: 15.

Versuchs-Nr.	Spannung in kg/qmm											
	2	4	6	8	10	12	14	16	18	20	22	24
1	1,76	2,20	3,08	3,63	3,86	4,30	4,40	4,62	4,84	5,28	6,05	6,84
2	0,88	1,54	1,98	2,31	2,64	3,30	3,52					
3	0,55	1,10	2,20	2,75	3,85	4,40	5,50					
4	0,99	1,65	2,31	2,64	3,18	3,62						
5	0,89	1,65	2,28	2,75	3,20	3,75						
6	0,55	1,10	2,05	2,70	3,30	3,85						
7	0,55	0,77	1,21	1,84	2,54							
8	0,65	1,22	1,54	2,09								
Mittel	0,85	1,28	2,08	2,59	3,22	3,70	4,47	4,62	4,84	5,28	6,05	6,84
f	28	53	78	101	135	161	187	213	242	268	295	323
t	0	0	0	0	0	0	0	0	0	0	0	1

Zahlentafel 6. Leistung in Watt, Durchbiegung f in mm · 10^{-2}. Temperatursteigerung t in Celsiusgraden. Material: 19.

Versuchs-Nr.	Spannung in kg/qmm								
	2	4	6	8	10	11	12	14	16
1	0,97	1,32	2,20	3,72	4,30	3,15	5,37	6,8	11,00
2	0,88	1,54	2,42	2,86	3,52	3,17	3,74	4,40	9,90
3	0,77	1,10	1,65	2,20	2,53	2,75			
4	0,77	1,43	1,76	2,31	2,64	2,97			
5	1,1	1,76	2,42	2,75	3,2				
6	1,32	1,98	2,42	2,94	3,18	3,30			
7	0,99	1,54	2,31	2,75	2,97	3,08			
Mittel	0,97	1,57	2,17	2,80	3,09	3,15	4,51	5,61	10,45
f	25	51	77	103	130	157	170	182	215
t	0	0	0	0	0	0	0	0	1

Zahlentafel 7. Leistung in Watt, Durchbiegung f in mm · 10^{-2}. Temperatursteigerung t in Celsiusgraden. Material: 20.

Versuchs-Nr.	Spannung in kg/qmm												
	2	4	6	8	10	12	14	16	18	20	22	24	26
1	1,65	2,20	2,64	3,18	3,41	3,85	4,12	4,18	5,17	5,72	6,82	7,37	8,47
2	0,66	1,72	1,87	2,64	2,96	3,29	4,73	5,83	5,6	6,05	7,25	8,25	9,25
3	0,92	1,65	1,96	2,87	3,21	3,48	4,07						
4	1,65	2,42	2,97	3,30	3,73	4,07							
5	0,90	1,48	2,09	2,86	3,30	3,74							
Mittel	1,15	1,89	2,31	2,97	3,32	3,69	4,31	5,00	5,38	5,88	7,03	7,82	8,86
f	26	51	76	102	127	154	178	203	229	254	277	300	328
t	0	0	0	0	0	0	0	0	0	0	0	0	0

Zahlentafel 8. Leistung in Watt, Durchbiegung f in mm · 10^{-2}. Temperatursteigerung t in Celsiusgraden. Material: 21.

Versuchs-Nr.	Spannung in kg/qmm												
	2	4	6	8	10	12	14	16	18	20	22	24	26
1	0,88	2,20	3,62	4,4	4,74	5,06	5,60	6,17	6,27	7,15	8,25	9,0	
2	1,10	2,32	2,86	3,96	4,83	5,71	6,16	6,82	7,26	7,70	9,90		
3	0,55	0,88	1,65	2,53	3,20	3,85	4,73	5,73	6,60	6,95	7,36	7,70	8,80
4	0,66	1,21	1,76	2,42	2,64	3,42	4,40						
5	0,37	0,74	1,10	1,96	2,74	3,12	3,25						
6	0,77	1,32	1,87	2,86	3,42	3,80							
7	0,44	0,88	1,54	1,98	2,53	3,20							
8	1,10	2,20	3,52	4,18	4,63								
Mittel	0,62	1,55	2,32	3,11	3,65	4,05	4,85	6,49	6,76	7,42	8,53	8,35	8,80
f	25	53	78	104	130	160	186	212	237	260	287	309	340
t	0	0	0	0	0	0	0	1	1	1	2	2	3

Zahlentafel 9. Leistung in Watt, Durchbiegung f in mm · 10^{-2}. Temperatursteigerung t in Celsiusgraden. Material: 30.

Versuchs-Nr.	Spannung in kg/qmm								
	2	4	6	8	10	12	14	16	18
1	0,33	1,65	2,09	3,20	3,96	5,28	7,05	8,70	10,70
2	0,44	1,54	2,97	3,19	3,74	4,84	7,04		
3	0,66	1,65	2,08	3,14	3,50	4,96			
4	0,99	1,98	2,09	3,11	4,29				
5	0,88	1,32	2,42	3,30					
6	0,90	1,55	2,10	3,19	3,95				
Mittel	0,70	1,61	2,29	3,20	3,88	5,03	7,045		
f	24	51	77	108	137	176	193	229	278
t	0	0	0	0	0	0	2	4	12

Zahlentafel 10. Leistung in Watt, Durchbiegung f in mm · 10^{-2}. Temperatursteigerung t in Celsiusgraden. Material: 31.

Versuchs-Nr.	Spannung in kg/qmm											
	2	4	6	8	10	12	14	16	18	20	22	24
1	1,32	3,30	4,46	4,84	5,03	5,56	5,72	5,95	6,70	7,26	8,10	11,45
2	2,20	3,62	4,18	4,46	4,46	4,62	4,96	5,39	5,73	6,5		
3	1,76	2,22	2,42	2,75	3,64	2,75	2,86	3,20				
4	0,99	1,76	2,53	2,86	3,30	3,85	4,40					
5	0,88	1,74	2,68	2,97	3,52	3,74						
Mittel	1,43	2,53	3,24	3,54	3,78	4,09	4,49	4,85	6,21	6,88	8,10	12,45
f	27	52	77	108	133	160	186	213	241	267	293	318
t	0	0	0	0	0	0	0	0	0	0	1	4

Zahlentafel 11. Leistung in Watt, Durchbiegung f in mm · 10^{-2}. Temperatursteigerung t in Celsiusgraden. Material: 32.

Versuchs-Nr.	Spannung in kg/qmm												
	2	4	6	8	10	12	14	16	18	20	22	24	26
1	0,44	1,10	2,09	2,87	3,74	4,07	4,73	5,73	6,60	7,50	8,26	8,9	11,52
2	0,77	1,65	2,31	3,08	3,86	4,40	5,17	5,83	7,36	9,05	9,80	9,95	10,55
3	0,55	1,26	1,95	2,42	2,75	3,30	3,62	4,62					
4	0,99	1,54	1,98	2,53	2,75	2,80	3,41						
5	0,51	1,16	1,65	2,09	2,64	2,97							
6	0,66	1,72	2,09	2,52	3,08	3,52							
Mittel	0,78	1,40	2,01	2,60	3,14	3,51	4,35	5,39	6,95	8,27	9,03	9,42	11,00
f	26	53	76	104	138	164	190	218	243	270	297	325	353
t	0	0	0	0	0	0	0	0	0	0	2	3	4

Zahlentafel 12. Leistung in Watt, Durchbiegung f in mm · 10^{-2}. Temperatursteigerung t in Celsiusgraden. Material: 22.

Versuchs-Nr.	Spannung in kg/qmm									
	2	4	6	8	10	12	14	16	18	20
1	0,55	1,34	1,76	2,86	3,08	3,74	4,63	6,40	9,05	13,00
2	0,55	1,10	1,65	2,74	2,98	3,98	4,76	5,72	8,45	11,80
3	1,34	1,65	2,20	2,97	3,19	3,85	4,50	7,15	8,50	11,55
4	0,66	0,99	1,65	1,98	2,86	4,08	6,30	7,37	8,37	11,00
5	0,55	1,34	2,20	3,08	3,30	4,40	4,74	5,50		
6	0,99	1,68	2,20	3,05	4,10	4,80	5,40	7,10		
7	0,86	1,75	2,15	2,98	3,95	4,65				
8	0,65	1,10	2,20	3,08	3,85	4,40	4,91	5,72		
9	0,44	1,54	2,22	2,86	3,64	3,96	4,89	5,28		
Mittel	0,73	1,35	2,02	2,62	3,55	4,21	5,01	6,28	8,59	11,84
f	38	77	113	155	193	237	318	362	405	
t	0	0	0	0	0	0	0	2	4	16

Zahlentafel 13. Leistung in Watt, Durchbiegung f in mm · 10^{-2}. Temperatursteigerung t in Celsiusgraden. Material: 23.

Versuchs-Nr.	Spannung in kg/qmm											
	2	4	6	8	10	12	14	16	18	20	22	24
1	1,32	2,09	3,41	4,30	4,45	5,60	6,06	7,35	8,46	11,8	13,3	17,6
2	0,44	1,87	3,62	4,60	5,40	6,27	6,40	7,27	8,15	9,70	11,6	15,0
3	0,77	1,87	2,97	3,85	4,84	5,06	6,05	8,84				
4	1,65	2,20	2,42	4,40	4,95	5,50	7,48	8,75				
5	1,32	2,30	3,85	4,73	5,95	6,05	6,37					
6	0,35	0,62	1,46	2,20	2,80	2,30	4,90					
7	0,99	2,31	3,30	4,62	6,60	6,49	6,82	8,47				
8	0,67	1,58	1,96	2,31	3,30	4,40	5,28					
9	0,77	1,65	1,72	1,87	2,75	3,96	4,95					
10	0,55	1,43	2,64	3,63	4,07	5,06	6,30					
11	0,45	0,87	1,98	2,98	3,75	4,40	5,17					
12	0,98	1,43	1,98	2,30	3,40	3,52						
Mittel	0,85	1,69	2,60	3,81	4,52	4,97	5,98	8,13	8,30	10,7	12,4	16,3
f	32	73	110	150	184	223	262	301	340	376	418	460
t	0	0	0	0	0	0	0	2	2,5	3	5	10

Zahlentafel 14. Leistung in Watt, Durchbiegung in mm · 10^{-2}. Temperatursteigerung t in Celsiusgraden. Material: 26.

Versuchs-Nr.	Spannung in kg/qmm												
	2	4	6	8	10	12	14	16	18	20	22	24	26
1	0,46	0,94	1,35	1,92	2,20	2,84	3,40	3,55	3,85	4,50	4,95	5,46	6,02
2	0,65	0,94	1,35	1,92	2,20	3,20	3,82	4,23	4,60	5,08	5,50	7,82	
3	0,41	0,88	1,87	2,31	2,92	3,02	3,30	4,07	4,40	4,68	5,28	6,16	6,62
4	0,58	1,23	1,52	1,80	2,64	2,64	2,97	3,00	3,85	3,96	4,18	4,45	5,06
5	0,88	1,21	1,76	1,87	2,35	2,95	3,30	3,52	4,40	4,51	5,40		
6	0,44	1,21	1,86	2,42	2,86	2,94	3,21	3,41					
7	0,55	0,77	1,76	2,20	2,62	3,02	3,63	4,08					
8	0,65	1,88	1,97	2,95	3,06	3,84	4,85	5,04					
9	0,72	1,43	1,86	2,53	2,95	3,68							
10	0,68	1,42	1,78	1,96	1,98								
11	0,45	1,89	1,21	1,98	2,96								
Mittel	0,59	1,23	1,77	2,22	2,67	3,13	3,56	3,81	4,22	4,54	5,06	5,95	6,34
f	28	55	82	112	139	166	190	219	238	267	290	328	352
t	0	0	0	0	0	0	0	1	1	1	1	1	1

Die weiteren Stäbe wurden entsprechend den Zahlentafeln (3—16) in derselben Weise allmählich höher belastet, jedoch nicht bis zum Bruch, sondern bis zu Spannungen, die von dem zuerst erreichten Wert abwichen.

Die Stäbe wurden dann dem Dauerversuch unterzogen, bei dem sie mit $n = 3500$ Umdrehungen/Minute liefen, bis sie zu Bruch gingen. Die

Zahlentafel 15. Leistung in Watt, Durchbiegung in mm·10^{-2}. Temperatursteigerung in Celsiusgraden. Material: 27.

Versuchs-Nr.	Spannung in kg/qmm					
	2	4	6	7	8	9
1	0,22	0,99	5,28	10,5	17,4	26,9
2	0,55	2,20	5,83	9,32	18,2	
3	0,66	2,75	4,53			
4	1,21	1,96	3,86			
5	0,66	1,76				
Mittel	0,66	1,93	4,90	9,91	17,7	26,9
f	24	46	85	105	130	157
t	0	0	5	9	13	16

Zahlentafel 16.
Material: 28.

Versuchs-Nr.	Spannung in kg/qmm					
	1	2	3	4	6	8
1	0,22	0,35	0,66	1,42	7,05	16,8
2		0,55		1,96	5,50	16,6
3		0,55		1,87	5,28	16,7
4	0,22	0,44	0,65	1,82		
Mittel	0,22	0,44	0,66	1,83	5,94	16,8
f	12	23	37	51	86	136
t	0	0	0	1	9	14

erreichte Umdrehungszahl wurde von dem Zähler angezeigt, der Motor wird an der Maschine bei Bruch des Stabes automatisch abgeschaltet, so daß also unterbrochener Betrieb bei Tag und Nacht durchgeführt werden konnte.

Die Stäbe der einzelnen Werkstoffe wurden mit fallender Maximalbelastung belastet und die erreichten Lastwechselzahlen in den Kurvenblättern Abb. 24—31 zusammengestellt, in Abhängigkeit von der Spannung in der äußersten Faser des Stabes. Diese Kurvenblätter werden weiter unten besprochen.

Bei derjenigen niedrigsten Spannung, bei welcher der Stab mehr als 20 Millionen Lastwechsel aushielt, wurden einige der Werkstoffe einem Dauerversuch unterzogen, der sich auf 225 Millionen Lastwechsel ausdehnte, wobei der Stab zeitweise mit $n = 6500$ Umdrehungen pro Minute lief, um die Zeitdauer etwas abzukürzen.

Die Stäbe, die nach dieser Zeit noch nicht gebrochen waren, wurden mit der nächsthöheren Laststufe belastet und liefen dann bis zum Bruch.

Die Spannung, bei welcher diese hohen Lastwechselzahlen erreicht wurden, kann wohl mit Recht als die Dauerfestigkeit des betreffenden Werkstoffes bezeichnet werden.

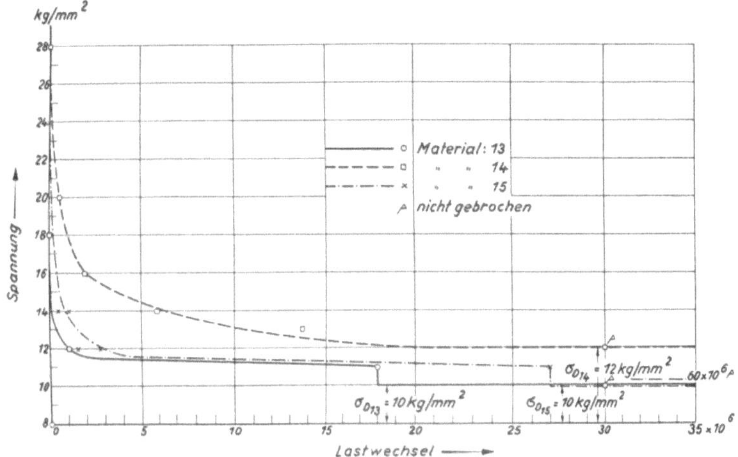

Abb. 24. Lastwechselzahl in Abhängigkeit von der Maximalspannung in der äußersten Faser des Stabes. Material: Duralumin 681 B.

Es ist aber offenbar nicht angängig, die Dauerfestigkeit wenigstens für die untersuchten Werkstoffe auf der Basis von nur 10^7 Lastwechseln zu bestimmen.

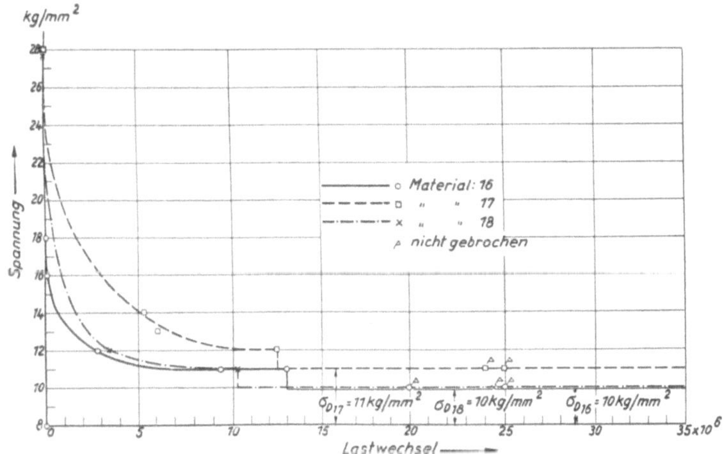

Abb. 25. Lastwechselzahl in Abhängigkeit von der Maximalspannung in der äußersten Faser des Stabes. Material: Duralumin 681 B 1/3.

Wie die Kurvenblätter Abb. 24—31 zeigen, treten auch noch nach $20 \cdot 10^6$ Wechseln Brüche auf.

Aus den oben beschriebenen Versuchen zur Bestimmung der von den Stäben verarbeiteten Hysteresisleistung wurden an Hand der in den

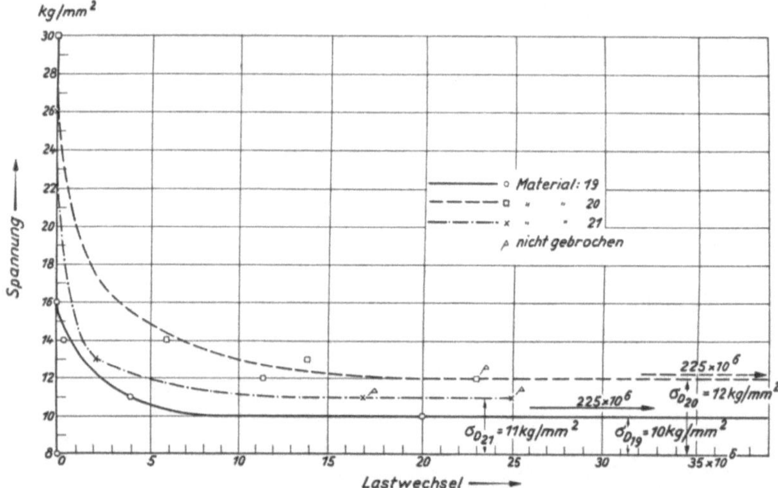

Abb. 26. Lastwechselzahl in Abhängigkeit von der Maximalspannung in der äußersten Faser des Stabes. Material: Duralumin 681 A.

Zahlentafeln 3—16 niedergelegten Werte die Kurven in den Kurvenblättern Abb. 32—44 aufgezeichnet.

Dabei stellt jeweils die stark gezeichnete Kurve die aus den verschie-

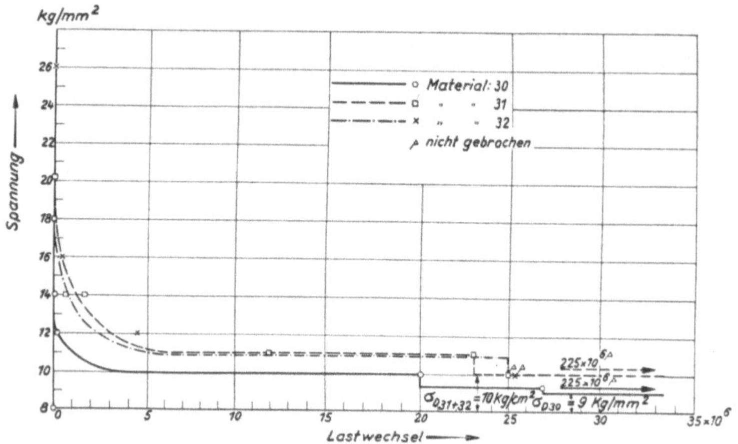

Abb. 27. Lastwechselzahl in Abhängigkeit von der Maximalspannung in der äußersten Faser des Stabes. Material: Lautal.

denen Versuchen erhaltenen Mittelwerte dar, während die dünn ausgezogenen Kurven die größten Abweichungen der Werte nach oben und nach unten zeigen.

Die Kurvenblätter Abb. 32—44 zeigen deutlich, daß eine Bestimmung der Dauerfestigkeit aus den Kurven: Arbeitsaufnahme in Abhängigkeit von der Spannung in der äußersten Faser nicht in Frage kommen kann, da bei keinem der untersuchten Werkstoffe weder in der

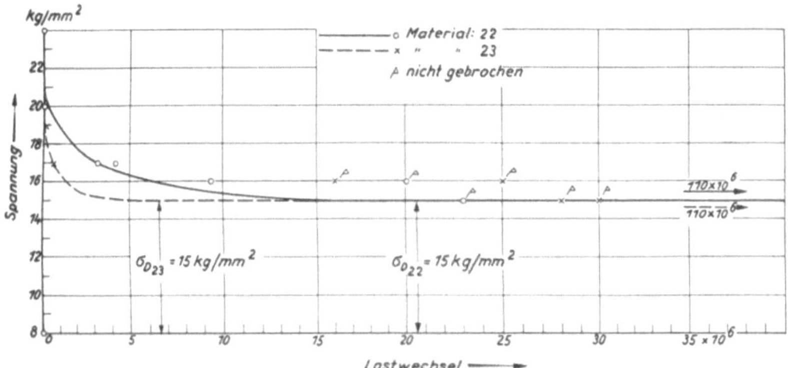

Abb. 28. Lastwechselzahl in Abhängigkeit von der Maximalspannung in der äußersten Faser des Stabes. Material: Elektron V und $V_1 W$.

Kurve des Mittelwertes, noch in den einzelnen Kurven der Stäbe ein scharf herausspringender Punkt erscheint, der die Dauerfestigkeit anzeigen könnte. Dort, wo ein Umbiegen der Kurve der Stromaufnahme angedeutet ist, kann dies sehr wohl aus der Charakteristik der Maschine

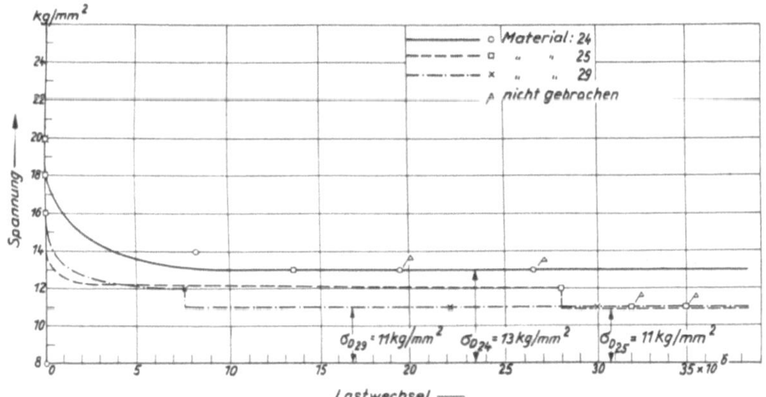

Abb. 29. Lastwechselzahl in Abhängigkeit von der Maximalspannung in der äußersten Faser des Stabes. Material: Elektron $A_5 Z_1$, Pleuelstangen.

entspringen, die ja in ihrer Durchschnittskurve ebenfalls ein Umbiegen bei bestimmter Lagerbelastung zeigt.

Zu 2. Die Durchbiegung. Ebensowenig wie aus der Kurve der Arbeit ist aus der Kurve der Durchbiegung etwas über die Lage der Dauerfestigkeit zu entnehmen.

Diese Kurve läuft merkwürdigerweise bis zum Bruch des Stabes bei ganz geringen Lastwechselzahlen vollkommen geradlinig, d. h. die Durchbiegung ist bis zu dieser Spannung proportional der Belastung des Stabes.

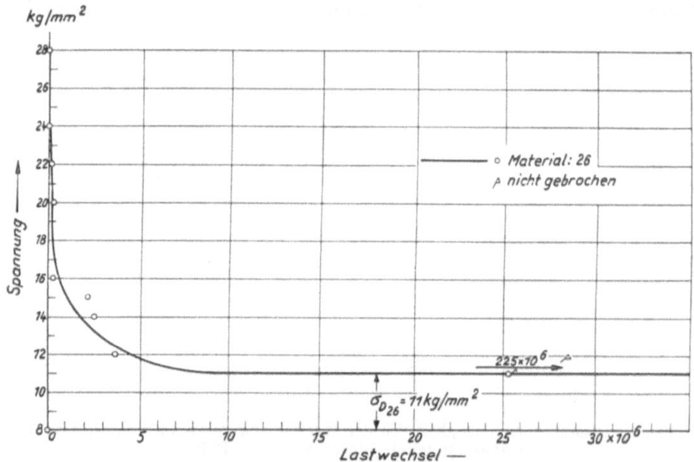

Abb. 30. Lastwechselzahl in Abhängigkeit von der Maximalspannung in der äußersten Faser des Stabes. Material Skleron.

Ein Anstieg der Durchbiegung geschieht erst im Augenblick des Bruches, in dem ein ganz schneller Anstieg eintritt, der den Bruch zur Folge hat.

Zu 3. Temperatursteigerung. Alle die untersuchten Werkstoffe zeigen im Gegensatz zu den Stählen nur geringe Temperatursteigerung. Die

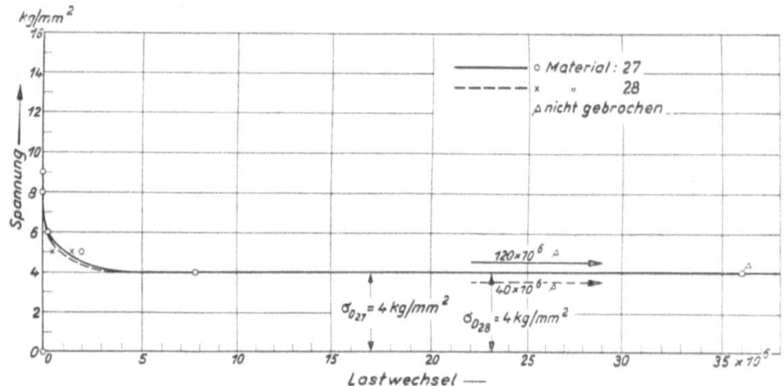

Abb. 31. Lastwechselzahl in Abhängigkeit von der Maximalspannung in der äußersten Faser des Stabes. Material Silumin.

Stähle erwärmen sich fast alle so, daß sie bei der Spannung der Schwingungsfestigkeit bis auf mehr als 300 Celsiusgrade sich erwärmen und deshalb bei Dauerversuchen mit Öl gekühlt werden müssen, weil sonst die höhere Temperatur Einfluß auf die Festigkeitseigenschaften haben könnte.

In bezug auf die Temperatursteigerung verhalten sich die untersuchten Werkstoffe nicht ganz gleichmäßig. Es sind hierbei zu unterscheiden:

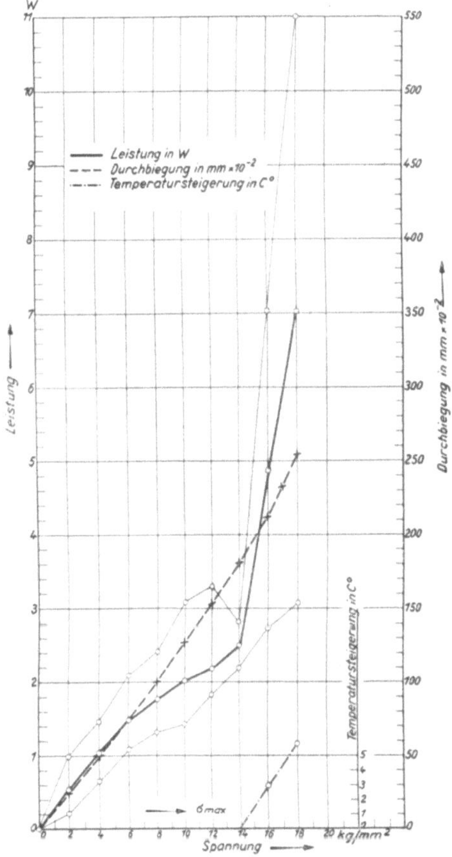

Abb. 32. Leistungsaufnahme, Durchbiegung und Temperatursteigerung in Abhängigkeit von der Maximalspannung in der äußersten Faser des Stabes. Material: Duralumin 13.

1. Aluminiumlegierungen.

a) Duralumin. Die Duraluminlegierungen zeigen eine geringe Erwärmung, aus der sich aber irgendwelche Schlüsse auf die Lage der Dauerfestigkeit nicht ziehen lassen. Immerhin zeigen 14 und 21 einen gleichmäßgen Anstieg um je 4 Celsiusgrade, während die übrigen Duraluminsorten nur kurz vor dem Bruch eine Erwärmung von 1 Celsiusgrad ergeben.

b) Lautal. Die Lautalstäbe zeigen etwas höhere Erwärmungen als die Duraluminlegierungen, bleiben aber ebenfalls unterhalb einer Temperatursteigerung von 10 Celsiusgraden, und die Erwärmung läßt jedenfalls keinen sicheren Schluß auf die Lage der Dauerfestigkeit zu.

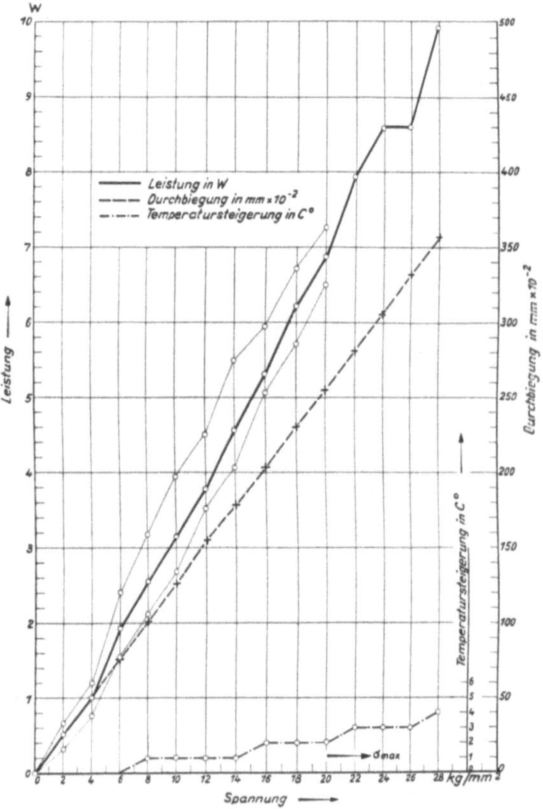

Abb. 33. Leistungsaufnahme, Durchbiegung und Temperatursteigerung in Abhängigkeit von der Maximalspannung in der äußersten Faser des Stabes. Material: Duralumin 14.

c) Skleron. Es verhält sich ähnlich wie die Duraluminlegierungen. Über der Spannung der später mit anderen Mitteln festgestellten Schwingungsfestigkeit ein geringer Anstieg der Wärme, der aber keinen Schluß auf die Lage der Spannung an der Grenze der Schwingungsfestigkeit zuläßt.

2. Magnesiumlegierungen (Elektron).

Bei den Elektronlegierungen ist eine höhere Erwärmung festzustellen, die ungefähr in der Gegend der Dauerfestigkeit beginnt und bei dem Elektron 22 bis 14 Celsiusgrade kommt.

Der Anstieg ist aber, wie die Kurven zeigen, doch nicht so ausgeprägt, daß mit Sicherheit auf die Dauerfestigkeit geschlossen werden könnte.

Diese Erscheinung der geringen Erwärmung der Stäbe zeigt in Übereinstimmung mit der geringen Leistungsaufnahme, daß die Schwingungsfestigkeit innerhalb der Spannungen liegen muß, bei denen noch keine plastischen Verformungen des Werkstoffes eintreten, im Gegensatz zu den Stählen, bei denen sowohl die hohe Leistungsaufnahme als die in ihrem Gefolge auftretende hohe Erwärmung auf Vorgänge innerhalb des Gebietes der plastischen Verformungen hinweisen.

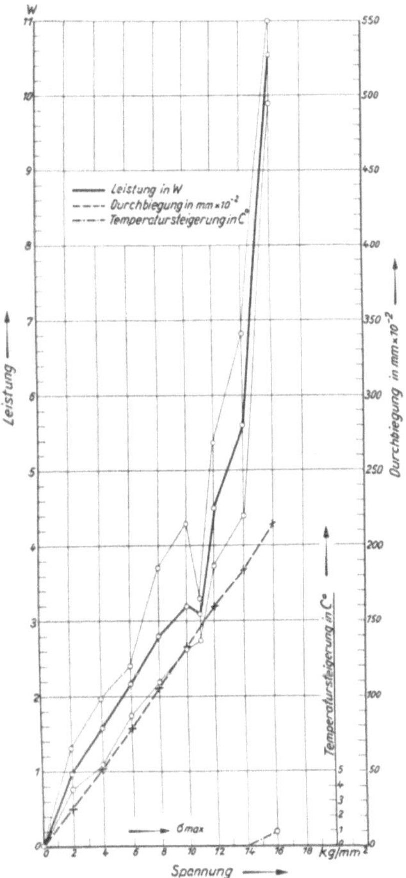

Abb. 34. Material: Duralumin 15.

Abb. 35. Material: Duralumin 19.

Abb. 34 und 35. Leistungsaufnahme, Durchbiegung und Temperatursteigerung in Abhängigkeit von der Maximalspannung in der äußersten Faser des Stabes.

Wenn bei einzelnen der Werkstoffe bei höheren Belastungen, die über der Dauerfestigkeitsgrenze liegen, Erwärmungen doch auftreten, so sind sie offenbar Vorgängen derart zuzuschreiben, daß bei diesen Belastungen bereits kleine Anrisse im Material entstanden sind, in denen Reibungen mechanischer Art die Temperatursteigerungen hervorrufen.

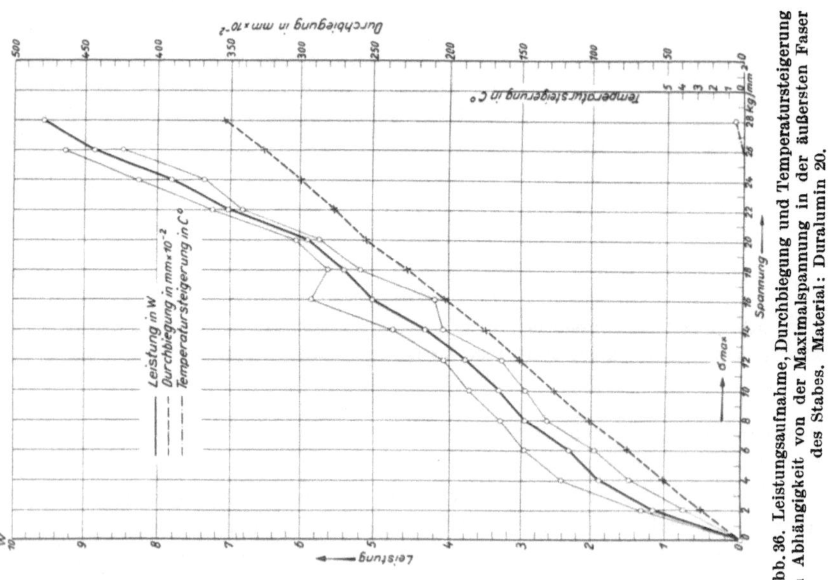

Abb. 36. Leistungsaufnahme, Durchbiegung und Temperatursteigerung in Abhängigkeit von der Maximalspannung in der äußersten Faser des Stabes. Material: Duralumin 20.

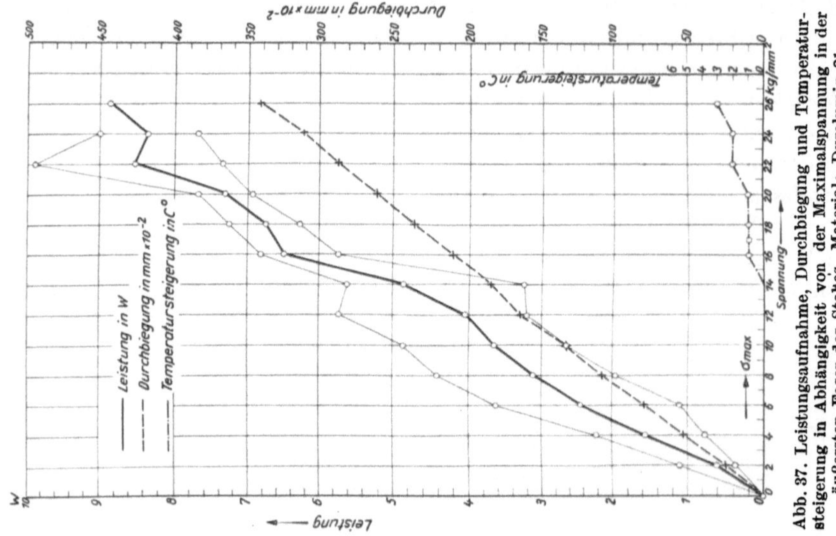

Abb. 37. Leistungsaufnahme, Durchbiegung und Temperatursteigerung in Abhängigkeit von der Maximalspannung in der äußersten Faser des Stabes. Material: Duralumin 21.

c) Die Bestimmung der Schwingungsfestigkeit durch den Dauerversuch.

Nachdem erkannt war, daß eine sichere, einwandfreie Bestimmung der Schwingungsfestigkeit nach dem abgekürzten Verfahren nicht möglich ist, wurde zur Vornahme von Dauerversuchen geschritten, bei

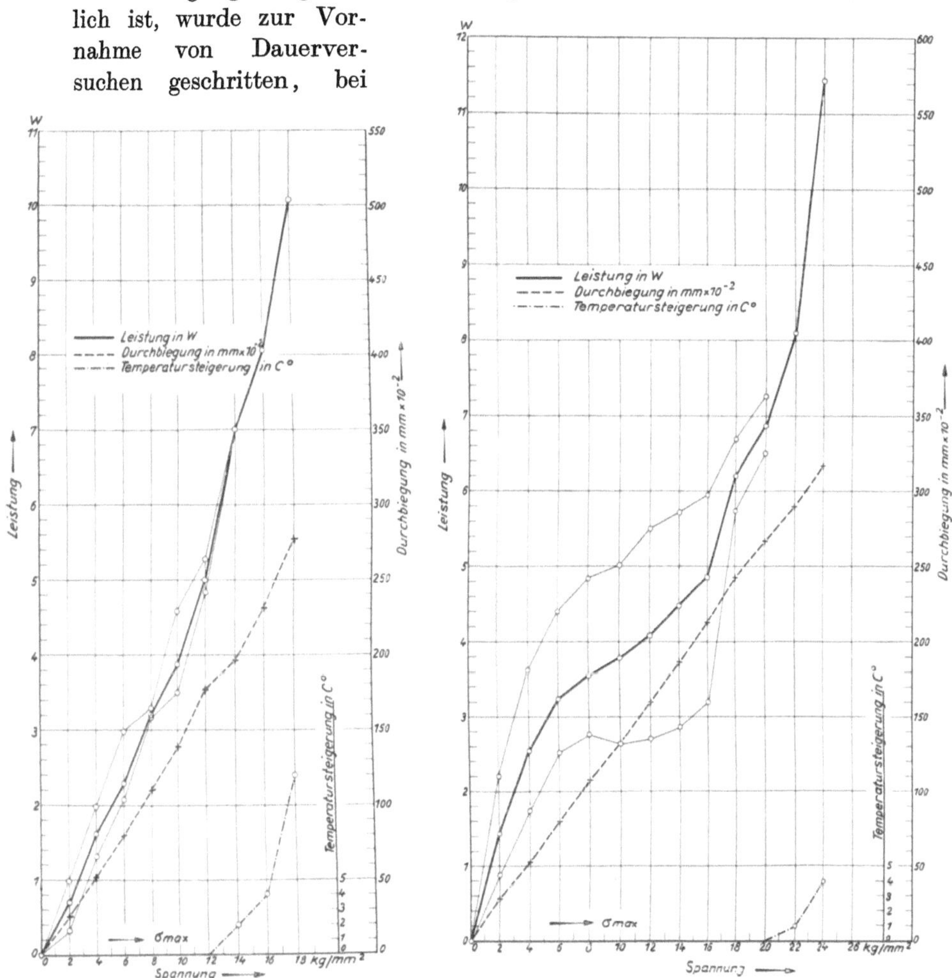

Abb. 38. Material: Lautal 30.

Abb. 39. Material: Lautal 31.

Abb. 38 und 39. Leistungsaufnahme, Durchbiegung und Temperatursteigerung in Abhängigkeit von der Maximalspannung in der äußersten Faser des Stabes.

denen die Lastwechselzahlen aufgenommen wurden, die bei abfallenden Belastungen ertragen wurden.

Die Ergebnisse dieser Versuche sind in den Kurvenblättern Abb. 24 bis 31 niedergelegt.

In den Kurvenblättern Abb. 24—31 sind die in der äußersten Faser der Stäbe der jeweilig untersuchten Legierungen erzeugten Spannungen in kg/qmm aufgetragen in Abhängigkeit von der ertragenen Lastwechselzahl. Die erhaltenen Werte wurden durch Kurven zusammengefaßt, die etwa den mathematischen Zusammenhang der Werte andeuten.

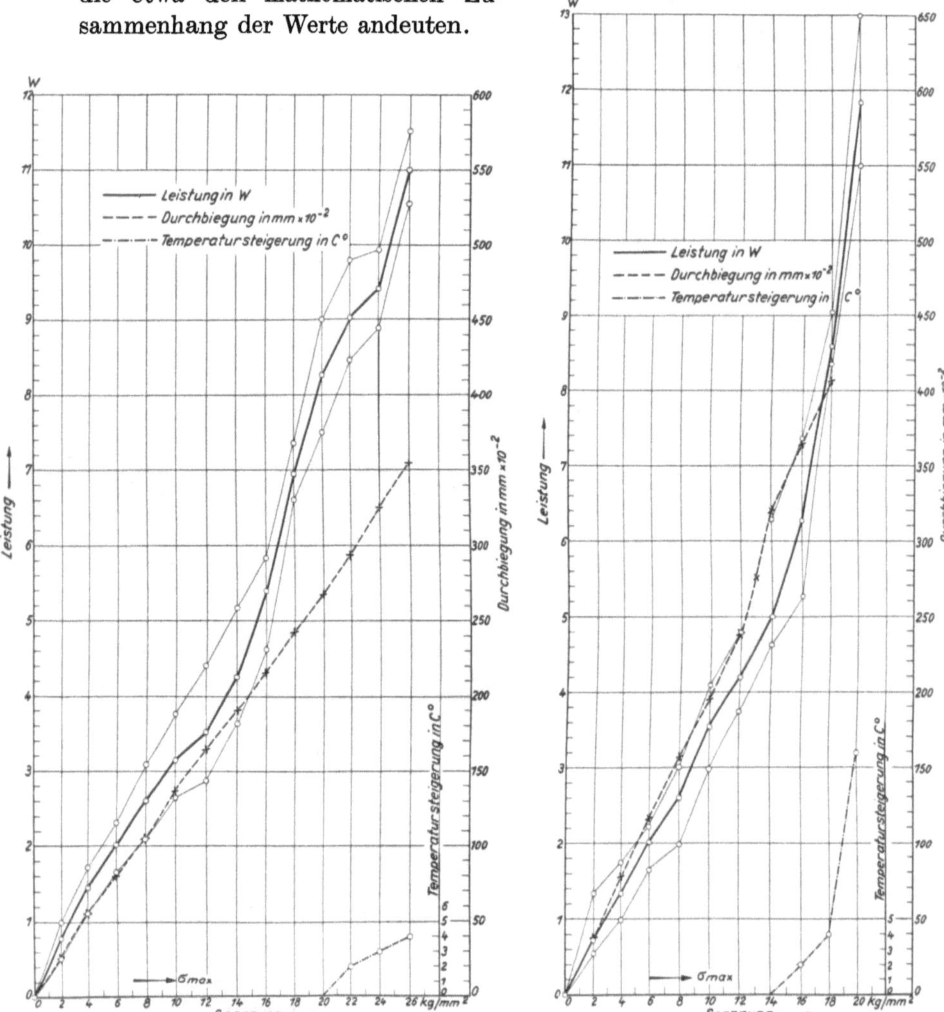

Abb. 40. Material: Lautal 32. Abb. 41. Material: Elektron 22.

Abb. 40 und 41. Leistungsaufnahme, Durchbiegung und Temperatursteigerung in Abhängigkeit von der Maximalspannung in der äußersten Faser des Stabes.

Zur Erläuterung sei gesagt, daß Kurven für gleiche Legierungen verschiedener Zustände je in ein Blatt zusammengefaßt wurden, um den Einfluß der Veredelung bzw. der Nachverdichtung augenfällig zu machen.

Bei der Darstellung durch Kurven wurden diese dort, wo sie auf gleichen Werten in die Horizontale einlaufen, der Deutlichkeit wegen

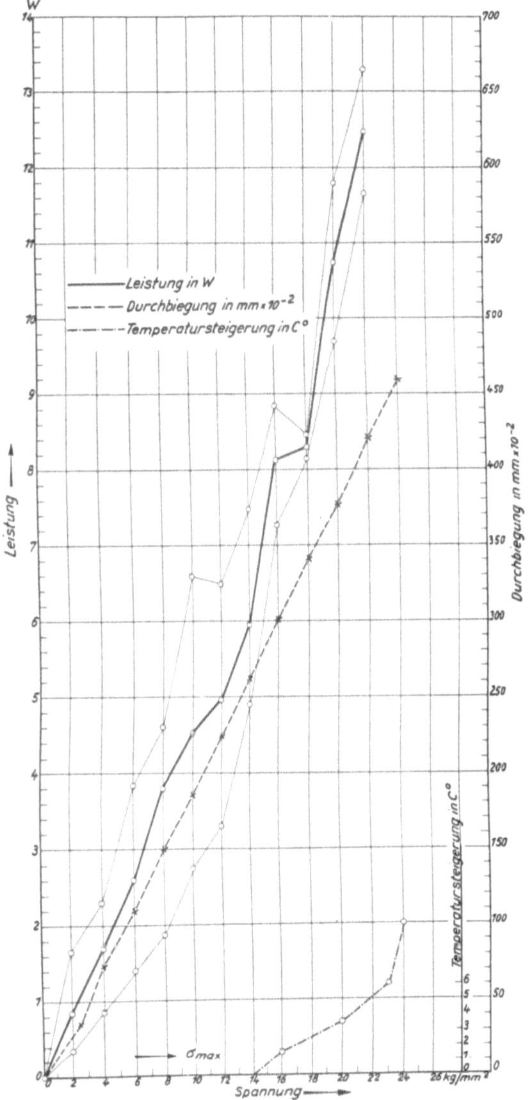

Abb. 42. Leistungsaufnahme, Durchbiegung und Temperatursteigerung in Abhängigkeit von der Maximalspannung in der äußersten Faser des Stabes. Material: Elektron 23.

auseinandergezogen, so daß die eine um einen kleinen Betrag unter der anderen gezeichnet wurde.

Die in die Kurven eingetragenen Größenmaße für die Schwingungsfestigkeit lassen keinen Zweifel über die tatsächliche Lage der entsprechenden Punkte.

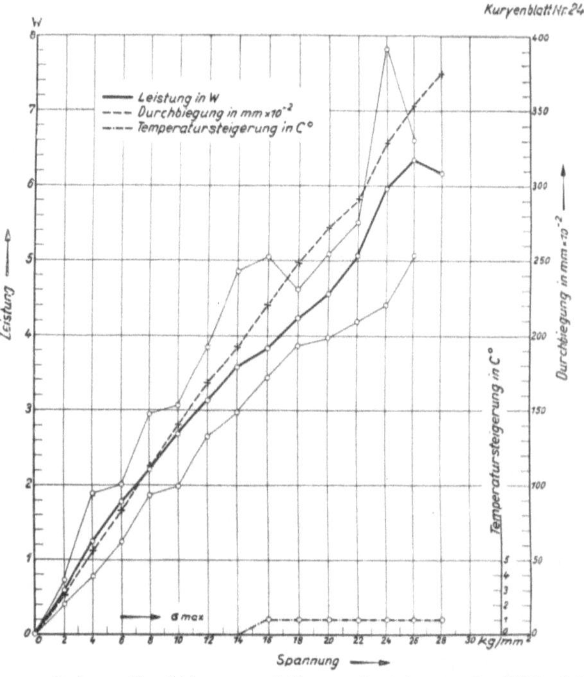

Abb. 43. Leistungsaufnahme, Durchbiegung und Temperatursteigerung in Abhängigkeit von der Maximalspannung in der äußersten Faser des Stabes. Material: Skleron 26.

4. Kritische Wertung der Ergebnisse der Versuche.

Ein Blick auf diejenigen Kurvenblätter, in denen die Verhältnisse für geglühtes, veredeltes und nachverdichtetes Material zusammen gezeichnet sind, also für

Material		Zustand	Nr.	Abb.
Duralumin	681 B	ausgeglüht	(13)	Abb. 24
,,	,,	veredelt	(14)	
,,	,,	nachverdichtet	(15)	
Duralumin	681 B 1/3	ausgeglüht	(16)	Abb. 25
,,	,,	veredelt	(17)	
,,	,,	Härte 1	(18)	
Duralumin	681 A	ausgeglüht	(19)	Abb. 26
,,	,,	veredelt	(20)	
,,	,,	Härte 1	(21)	
Lautal		ausgeglüht	(30)	Abb. 27
,,		veredelt	(31)	
,,		Härte 1	(32)	
Elektron V_1		unvergütet	(22)	Abb. 28.
Elektron V_1W		vergütet	(23)	

zeigt, daß der Einfluß der Veredelung auf die Erhöhung der Schwingungsfestigkeit gering ist.

Jedenfalls bedeutend geringer als es der Einfluß der Veredelung auf die statischen Festigkeitseigenschaften erwarten ließe.

Die Zahlentafel 2, in der alle Festigkeitseigenschaften der untersuchten Werkstoffe zusammengestellt sind, zeigt dies. Deutlicher tritt dieser Umstand noch zutage in der Zahlentafel (17), in der die prozentualen Zunahmen der verschiedenen Festigkeitseigenschaften durch die Veredelung zusammengestellt sind.

Diese prozentuale Zunahme wurde errechnet für die Elastizitätsgrenze zu

$$\eta_E = \frac{\sigma_E}{\sigma_{Ee} - \sigma_E} 100 \text{ vH},$$

wobei

η_E die prozentuale Zunahme der Elastizitäts-grenze in vH,

σ_E die Spannung an der E-Grenze des ausgeglühten Werkstoffs,

σ_{Ee} die Spannung an der E-Grenze des veredelten Werkstoffes

bedeutet.

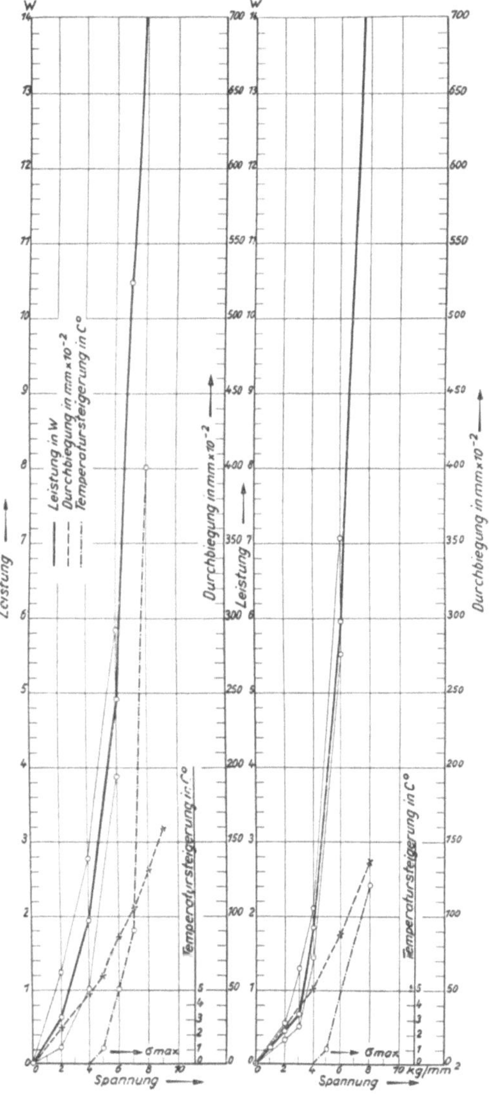

Abb. 44. Leistungsaufnahme, Durchbiegung und Temperatursteigerung in Abhängigkeit von der Maximalspannung in der äußersten Faser des Stabes. Material: Silumin 27 und 28.

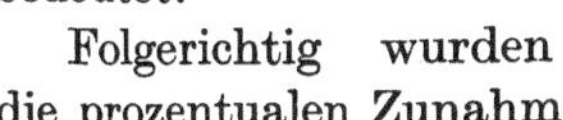

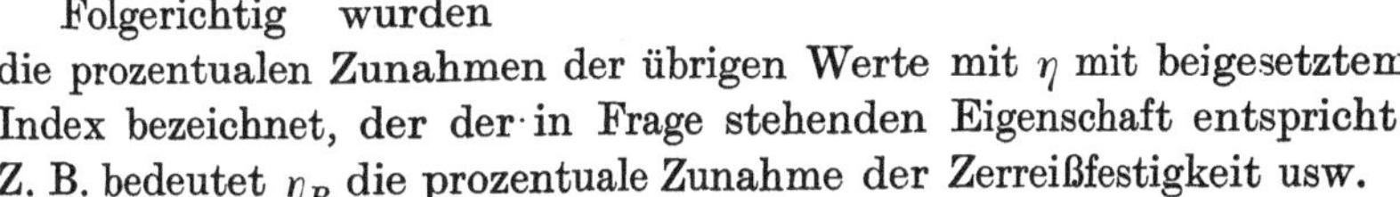

Folgerichtig wurden die prozentualen Zunahmen der übrigen Werte mit η mit beigesetztem Index bezeichnet, der der in Frage stehenden Eigenschaft entspricht. Z. B. bedeutet η_B die prozentuale Zunahme der Zerreißfestigkeit usw.

Zahlentafel 17. Prozentuale Zunahme der Festigkeitswerte durch die Veredelung.

$$\text{Zunahme } \eta = \frac{\sigma}{\sigma_e - \sigma} \, 100 \text{ vH},$$

wobei σ Spannung an E-Grenze des ausgeglühten Materials,
σ_e Spannung an E-Grenze des veredelten Materials.

Material	η_E vH	η_B vH	η_δ vH	η_q vH	A_{spez} vH	η st vH	η_D vH
Duralumin 681 B	51,8	83	77,6	− 34,2	32,6	76,5	20
Duralumin 681 B 1/3	61	57,7	106	− 19,3	30	64,5	10
Duralumin 681 A	62	64,5	95	+ 2,5	31	101	20
Lautal	135	67	6,65	− 10,5	—	154	11,1
Elektron V_1	130	1,4	40	+ 48	—	34	0

Da die E-Grenze bei der Schwingungsfestigkeit als besonders ausschlaggebend angesehen wird, so sind in der Zahlentafel 18 die Werte der E-Grenze und der Schwingungsfestigkeit noch einmal gegenübergestellt.

Zahlentafel 18. Zusammenstellung von $\sigma_{E\,0,001}$ und σ_D.

Material	Zustand	$\sigma_{E\,0,001}$ kg/mm²	σ_D kg/mm²
Duralumin	ausgeglüht	10,66	10
	veredelt	16,9	11—12
Lautal	ausgeglüht	3,8	9
	veredelt	9,02	10
Elektron 22	gepreßt	5,3	15
Elektron 23	vergütet	12,2	15
Elektron 24	gepreßt	4,75	13
Elektron 25	gepreßt	4,8	11
Elektron 29	geschmiedet	6,5	11
Elektron 26	veredelt	26	11
Silumin 27	gegossen $d = 13$ mm	3,2	4
Silumin 28	gegossen $d = 18$ mm	3,2	4

Dabei wurden die verschiedenen Duraluminlegierungen zu einem Mittelwert zusammengezogen.

Eine kritische Betrachtung der Zahlentafeln 2, 17 und 18 zeigt folgendes:

Bei den Duraluminlegierungen liegt die Grenze der Dauerfestigkeit bei bzw. wenig über der ermittelten E-Grenze des ausgeglühten Materials.

Bei Lautal und ebenso bei den Magnesiumlegierungen 22, 24, 25 und 29 tritt der nach dem bisher beschriebenen Befund sehr bemerkenswerte Fall ein, daß die Schwingungsfestigkeit ganz wesentlich über der E-Grenze liegt.

Bei dem vergüteten Material Elektron 23 liegt sie dagegen nicht wesentlich darüber.

Bei Skleron (26), der Aluminiumlegierung mit Lithiumzusatz, die sich durch eine besonders hohe E-Grenze auszeichnet, liegt die Schwingungsfestigkeit wieder ganz wesentlich unterhalb dieser E-Grenze.

Dieses Material wurde nicht in ausgeglühtem Zustand untersucht. Es ist anzunehmen, nach dem Befund der Aluminiumlegierungen, daß das ausgeglühte Material etwa dieselbe Schwingungsfestigkeit haben würde wie das vergütete. Wesentlich ist der Umstand, daß wie bei den anderen untersuchten Legierungen auch hier die hohen statischen Festigkeitseigenschaften keine dementsprechende Erhöhung der Schwingungsfestigkeit ergeben, wie dies eigentlich erwartet werden sollte.

Die Erhöhung der Elastizitätsgrenze der verschiedenen Legierungen läßt sich aus Zahlentafel 17 als zwischen 51,8 und 135 vH liegend entnehmen. Die Erhöhung der Bruchfestigkeit, bezogen auf den ursprünglichen Querschnitt, beträgt zwischen 57,7 und 83 vH, mit Ausnahme der Elektronlegierung, deren Zunahme bei der Veredelung nur 1,4 vH beträgt. Allerdings zeigt diese Legierung auch keine Zunahme der Schwingungsfestigkeit.

Bezüglich der Zunahme der Dehnung fällt das Material Lautal aus dem Rahmen, da es nur eine Dehnungszunahme von 6,65 vH zeigt, während die übrigen Legierungen bei der Veredelung eine Zunahme der Dehnung um 40—106 vH zeigen.

Sehr starke Unterschiede zeigen die verschiedenen untersuchten Werkstoffe in der Veränderung der Einschnürung, die in der Mehrzahl eine Verringerung erfährt, die zwischen 10,5 und 34,2 vH liegt, wobei die Legierung Elektron V_1 mit einer Zunahme der Einschnürung um 40 vH bedeutend aus dem Rahmen herausfällt.

Besonders auffällig ist hierbei auch das Verhalten der Legierung 681a, die im Gegensatz zu den beiden anderen Duraluminlegierungen nicht eine Abnahme der Einschnürung, sondern eine geringe Zunahme zeigt.

Die Standfestigkeit der Leichtmetall-Legierungen scheint sich etwa parallel mit der Elastizitätsgrenze zu bewegen, wieder mit Ausnahme der Magnesiumlegierung, bei der die Zunahme der Standfestigkeit einen wesentlich geringeren Betrag ausmacht, als dies nach der Erhöhung der E-Grenze erwartet werden sollte.

Auch die Untersuchung der spezifischen Schlagarbeit ergab mit einer Zunahme von etwa 30 vH eine wesentlich größere Erhöhung der Kerbzähigkeit durch die Veredelung, als sie bezüglich der Schwingungsfestigkeit festzustellen ist.

Die Feststellung der spezifischen Schlagarbeit wurde nur an den Duraluminlegierungen vorgenommen an einem Pendelhammer der Bauart Charpy an Probestäben, die bei einem quadratischen Querschnitt von der Kantenlänge gleich 15 mm einen Rundkerb mit 3 mm Radius erhalten hatten, der einen Bruchquerschnitt gleich der Hälfte des ursprünglichen Querschnittes übrig ließ.

Diesen Werten der Zunahme der statischen Festigkeitseigenschaften und der Kerbzähigkeit gegenüber betrug die Zunahme der Schwingungsfestigkeit nur 10—20 vH.

Die Vergütung der Magnesiumlegierung V_1 (22) zu $V_1 W$ (23) hat überhaupt keinen Einfluß auf die Lage der Schwingungsfestigkeit.

Allerdings zeigt gerade diese Legierung eine Schwingungsfestigkeit, die weder von den anderen Magnesiumlegierungen, noch von einer der übrigen untersuchten Legierungen erreicht wird.

Bei der Bewertung dieses Materials, das hiernach bestechend erscheint, müßte allerdings berücksichtigt werden, daß gerade dieses Material sich als sehr stark korrosionsempfindlich gezeigt hat. Die aus diesem Material hergestellten Stäbe zeigten in der Zeit zwischen ihrer Herstellung und dem Abschluß dieser Arbeit — etwa $1^3/_4$ Jahre — einen starken Belag mit einem grauweißen, festhaftenden Pulver, das offenbar Korrosionsprodukt ist. Die Abbildung 7 läßt dies deutlich erkennen. Die anderen Materialien, die unter genau denselben Bedingungen aufbewahrt wurden, behielten ihr durch die Bearbeitung erhaltenes, blankes Aussehen.

Zu beachten ist noch, daß die Aluminiumlegierung Skleron (26) bei ihren sonst sehr hohen Festigkeitswerten eine Schwingungsfestigkeit zeigt, die nicht über der der anderen Aluminiumlegierungen liegt.

Der Einfluß der Nachverdichtung ist gering. Er besteht in einer kleinen Erhöhung der E-Grenze und der Bruchfestigkeit und entsprechend in einer kleinen Erniedrigung der Dehnung und Einschnürung, wobei auch hier kleine Ausnahmen festgestellt werden können.

So zeigt beispielsweise das veredelte, nachverdichtete Lautal trotz erhöhter Zugfestigkeit auch eine geringe Erhöhung der Dehnung.

Bezüglich der Schwingungsfestigkeit zeigt sich, daß die Nachverdichtung eine geringe Erniedrigung zur Folge hat. Die Schwingungsfestigkeit der nachverdichteten, vorher veredelten gekneteten Legierungen liegt zwischen derjenigen der ausgeglühten und derjenigen der veredelten.

Dieses Ergebnis würde sich decken mit den Ergebnissen der Versuche von Bairstow, Howard und Stanton, die, allerdings für Eisen-Kohlenstoff-Legierungen, dasselbe gefunden haben, während es den Annahmen und Ergebnissen anderer Autoren widerspricht.

Ludwik[1] gibt an, daß die Erhöhung der Dauerfestigkeit bei geringer Lastwechselamplitude und dementsprechend großen Lastwechselzahlen

[1] Z. d. V. d. I. 1926, S. 122—126.

aufgehoben wird durch eine „Gefügelockerung“, die das Material wieder weich macht.

Außerdem werden die Erhöhungen der Festigkeitseigenschaften, die sich in einer Erhöhung der Streckgrenze durch Kaltbearbeitung ausdrücken, nach demselben Verfasser a. a. O. durch dauernd wechselnde Belastung allmählich wieder herabgedrückt. Dies entspricht den gemachten Beobachtungen.

Wenn überhaupt ein Zusammenhang irgendeiner Art zwischen der Elastizitätsgrenze und der Schwingungsfestigkeit besteht, was wohl anzunehmen ist, so würde für einige der untersuchten Werkstoffe das Ergebnis den Folgerungen aus den Bauschingerschen Untersuchungen widersprechen.

Nach diesen Untersuchungen müßte nach einer Anzahl von Beanspruchungen, die zwischen einem positiven und einem negativen Maximum wechseln, sich eine neue, die „wahre“ Elastizitätsgrenze einstellen, die nicht über der ursprünglichen E-Grenze liegen kann.

Nach den Ergebnissen der vorliegenden Versuche scheint sich aber diese E-Grenze, falls sie sich mit der Schwingungsfestigkeit gleichlaufend verändert, bei den Werkstoffen 30, 22, 25 und 29 durch die Wechselbeanspruchungen zu heben, denn die Schwingungsfestigkeit liegt wesentlich über der ursprünglichen E-Grenze.

Die Probestäbe waren sowohl für die Feststellung der statischen Festigkeitseigenschaften, in diesem Zusammenhang also der E-Grenze, als auch für die Bestimmung der Schwingungsfestigkeit von derselben Stange abgeschnitten, so daß die Einheitlichkeit des Materials sichergestellt ist.

Die ursprüngliche Absicht bei der vorliegenden Arbeit war, dem Problem dadurch beizukommen, daß versucht wurde, aus der wachsenden Breite von Hysteresisschleifen, die bei statischen Versuchen aufgenommen wurden, Schlüsse auf das Verhalten der Werkstoffe bei der Schwingungsbeanspruchung zu ziehen. Angeregt war dieser Gedanke durch die Dissertation von Dr.-Ing. Mauksch: „Die Arbeitsflächen für oftmals wiederholte Zugbeanspruchung für Flußeisen- und Kupferstäbe bei verschiedenen Temperaturen“, Berlin 1921.

Diese Versuche wurden zwar für alle angeführten Werkstoffe durchgeführt, da sie aber zu der gestellten Frage keine Aufklärung brachten, werden sie nicht mitgeteilt.

Bei diesen Versuchen, die mit Wechsellasten arbeiteten, die zwischen 0 und einem positiven Maximum über der E-Grenze wechselten, wurde festgestellt, daß nach wenigen Wechseln die E-Grenze auf die Höhe der Maximalbelastung gehoben wurde.

Es scheint also, als ob bei der gewählten Schwingungsbelastung der Einfluß der Zugspannungen überwiegt und es dadurch zu einer Erhöhung der E-Grenze kommt.

Hier erhebt sich wieder die Frage, ob die Elastizitätsgrenze, die doch durch die Festlegung der zulässigen bleibenden Dehnung auf den Wert von 0,001 vH etwas willkürlich Festgelegtes hat, überhaupt die Bedeutung hat, die wir ihr zuschreiben.

Nach den vorliegenden Ergebnissen besteht die Möglichkeit, daß bei verschiedenen Werkstoffen diejenigen Veränderungen, die wir als mit dem Erreichen der E-Grenze verbunden ansehen, bei verschiedenen kleinsten Veränderungen in der Lage der Moleküle bzw. der Kristalle auftreten. Wenn bei den ausgeglühten, weicheren Legierungen der Leichtmetalle dieser Punkt höher liegt als bei den härteren, veredelten, ist eine Erklärung für das geschilderte Verhalten gegeben.

Für die veredelten Werkstoffe liegt eine Erklärung für das Absinken der Schwingungsfestigkeit unter die ursprüngliche E-Grenze in den Bauschingerschen Untersuchungen. Im Zusammenhang mit der Tatsache, daß bei den ausgeglühten Legierungen aber eine Erhöhung stattfindet, reichen diese Argumente nicht aus für die Tatsache, daß die Veredelung so geringe Wirkung auf die Schwingungsfestigkeit hat.

Eine Erklärung hierfür ist gegeben unter Annahme der Theorie über die Vorgänge bei der Veredelung von Duralumin, welche Merica gegeben hat und die von Jeffries und Archer sowie Hanson und Gayler und Hondo und Konno weiter ausgebaut wurde[1].

Danach werden bei den Legierungen vom Duralumincharakter im Laufe des Veredelungsprozesses die einzelnen Kristalle gewissermaßen gegeneinander blockiert durch ultramikroskopisch kleine Ausscheidungen von Mg_2Si bzw. $CuAl_2$, welche die Erhöhung der Festigkeitseigenschaften zur Folge haben.

Es läßt sich nun denken, daß durch die dauernd wechselnden Beanspruchungen eine Lockerung dieser Blockierung eintritt, die eine Herabsetzung der E-Grenze und der sonstigen Festigkeitseigenschaften zur Folge hat und damit auch eine Schwingungsfestigkeit ergibt, die niedriger ist, als sie nach den statischen Festigkeitseigenschaften zu erwarten wäre.

Für diese Anschauung spricht auch der Umstand, daß bei dem Hochgehen mit der Belastung, so daß stets nur eine beschränkte Anzahl von Lastwechseln, etwa wie oben angegeben, pro Laststufe 15000 ausgehalten werden müssen, die Erhöhung der Festigkeitseigenschaften sehr gut zum Ausdruck kommt.

So ertragen z. B. die ausgeglühten Duraluminlegierungen 13, 16 und 19 nur eine Spannung von 16 bzw. 18 kg/qmm, wenn die Lasterhöhung von 15000 zu 15000 Lastwechseln erfolgt, während die veredelten Le-

[1] Nach Meissner: Veredelungsvorgänge in vergütbaren Aluminium-Legierungen. Z. d. V. d. I. Bd. 70, S. 391—401. 1925.

gierungen derselben Zusammensetzung 14, 17 und 20, Spannungen bis zu 28 bzw. 30 kg/qmm bei derselben Belastungssteigerung aushalten.

Die Kurvenblätter Abb. 14—31 zeigen dies deutlich.

Die hierbei zu ertragenden geringen Lastwechselzahlen genügen nicht, um den Blockierungswiderstand zu überwinden. Erst bei höheren Lastwechselzahlen tritt diese Entblockung auf und führt dann zu den verhältnismäßig niedrigen Schwingungsfestigkeiten.

5. Die Frage nach den Ursachen des Schwingungsbruchs.

Als Versuch zur Lösung der Frage nach erkennbaren Ursachen des Dauerbruchs bei so geringen Belastungen, wie sie die Schwingungsfestigkeit im Vergleich zur Bruchfestigkeit darstellt, wurden noch folgende Untersuchungen angestellt:

a) Untersuchungen über Veränderung der Festigkeitseigenschaften bei der Dauerbeanspruchung.

Ludwik führt in dem Artikel „Die Bedeutung des Gleit- und Reißwiderstandes für die Werkstoffprüfung“[1] aus, daß ein Werkstoff um so dehnbarer ist, je mehr der Reißwiderstand unter sonst gleichen Verhältnissen den Gleitwiderstand überragt.

Die untersuchten Werkstoffe zeigen mit Ausnahme der Silumingußlegierungen erhebliche Dehnungen, die Beträge bis zu 20 vH erreichen, wenn sie dem statischen Zerreißversuch unterzogen werden.

Beim Dauerversuch brechen aber alle ohne jede Formveränderung, wie Abb. 1—10 deutlich zeigen, d. h. sie zeigen das charakteristische Verhalten spröder Stoffe. Bei denen muß nach dem von Ludwik erkannten, oben angeführten Gesetz der Gleitwiderstand größer sein als der Reißwiderstand.

Es müßte danach also in den Werkstoffen durch die Dauerbeanspruchung eine Veränderung in dem Sinne vorgegangen sein, daß der Gleitwiderstand nun den Reißwiderstand überragt.

Wieder nach Ludwik[2] ist nun die Größenordnung des Gleitwiderstandes eines Werkstoffes gleichlaufend mit der der Härte, die durch Eindringmethoden festgestellt wird, so daß also die Veränderung des Gleitwiderstandes durch eine dieser Härteprüfmethoden ihrer Richtung nach aufgedeckt werden kann.

Es wurden deshalb Untersuchungen auf eingetretene Verfestigung durch Rockwell-Härteprüfung angestellt.

---

[1] Z. d. V. d. I. Bd. 71, S. 1532—1538. 1927.

[2] a. a. O.

Die Prüfungen waren auszuführen an dem zylindrischen Teil der zerbrochenen Stäbe mit einem Durchmesser gleich 9,45 mm.

Vorversuche ergaben, daß hierbei die Brinellprobe mit zu vielen Beobachtungsfehlern behaftet war, was sich in der sehr großen Streuung der erhaltenen Werte ausdrückte. Die Rockwellmethode, bei welcher die Eindringtiefe gemessen wird, ergab weit besser zusammenstimmende Werte mit Abweichungen vom Mittelwert nicht über 2 vH.

Gearbeitet wurde mit der Stahlkugel von $^1/_8$ Zoll gleich 3,17 mm Durchmesser, die mit einer Belastung von 100 kg in das Material gedrückt wurde. Die Ablesung wurde dabei auf der Skala B vorgenommen.

Um den Einfluß des Durchmessers auszuschalten, wurde von den unbeanspruchten Stangen zunächst ein Stück von $l = 50$ mm auf den Durchmesser des zylindrischen Teiles der Prüfstäbe, 9,45 mm abgedreht und die Härteprüfung an diesen Probestücken vorgenommen.

Hierzu wurde in Vergleich gesetzt die Härte, die an den gebrochenen Stäben im zylindrischen, beanspruchten Teil gemessen wurde.

Es wurde gleichzeitig untersucht, ob eine Verfestigung innerhalb des zylindrischen Teiles in dem Sinne vorgegangen war, daß diese an der Bruchstelle größer wäre als nach dem unbeanspruchten kegeligen Teile hin.

Dazu wurden über den Umfang verteilt zunächst in 3 mm Abstand vom Bruch vier Messungen vorgenommen und dann ebenso in Abständen von je 15 mm von der Bruchstelle nach der Hohlkehle der Stäbe hin weitergegangen.

In der Zahlentafel 19 sind die erhaltenen Werte zusammengestellt. Jeder darin angegebene Wert ist das Mittel aus mindestens vier, zum größten Teil aber aus zehn Messungen.

Es geht aus dieser Tafel hervor, daß dort, wo die Schwingungsfestigkeit in der Nähe der E-Grenze der ausgeglühten Werkstoffe liegt, keine Verfestigung zu erkennen ist. So bei den Duraluminlegierungen, bei dem veredelten Lautal und bei Skleron.

Ganz anders aber verhält sich das ausgeglühte Lautal (Material 30) mit seiner außergewöhnlich niedrig gefundenen E-Grenze. Hier tritt eine deutliche Vergrößerung der Härte und damit des Gleitwiderstandes auf, in deren Folge denn auch die Schwingungsfestigkeit weit über die E-Grenze hinaus erhöht erscheint.

Bei diesem Material ist demzufolge auch die Erhöhung der Temperatur größer (s. Kurvenblatt Abb. 38) als bei den Duraluminen und dem veredelten Lautal (Kurvenblatt Abb. 39), bei denen eine Verfestigung nicht eintritt.

Auffällig ist, daß diese Verfestigung nicht in demselben Maße eintritt bei dem Material Elektron V_1 (22), das ebenfalls eine sehr niedrige E-Grenze zeigt. Hier ist zwar eine Zunahme der Härte von 77 auf 84 eingetreten, die aber nur wenig höher ist als die Zunahme der Härte bei dem vergüteten Material $V_1 W$ (23), das eine bedeutend höhere E-Grenze hat und trotzdem eine Zunahme der Härte unter der Dauerbeanspruchung erfahren hat von 77 auf 82.

Die Werkstoffe, die keine Verfestigung erfahren wie die Duralumine, das veredelte Lautal und Skleron, zeigen sogar an dem beanspruchten Teil eine geringe Abnahme der Härte, die allerdings nur 2—3 Härtegrade ausmacht.

Wenn nicht das unveredelte Duralumin 19 dieselbe Erscheinung zeigte, könnte dies eine Stütze für die Auffassung sein, daß die Schwingungsbeanspruchung eine Entblockung der Kristalle verursacht. Allerdings liegt die Schwingungsfestigkeit des unveredelten Duralumins noch unter der E-Grenze, so daß vielleicht durch nicht völliges Weichglühen doch noch eine geringe Blockierung vorhanden war, die durch die Schwingungsbeanspruchung gelockert werden konnte.

Zahlentafel 19. Härtebestimmung mit Rockwell-Härteprüfer.

Geprüft mit Kugel $d = 3{,}17$ mm
bei einem Druck $p = 100$ kg
Skala B.
geprüft an Rundmaterial von $d = 9{,}45$ mm ⌀.

Bezeichnung des Werkstoffs	HR unbeansprucht	HR beansprucht		
		geprüft im Abstand von mm vom Bruch		
		3	15	30
Duralumin 19	72	69	69	69
Duralumin 20	92	90,5	90,5	90,5
Duralumin 21	95	93	93	93
Lautal 30	50	68	68	68
Lautal 31	83	80	80	80
Lautal 32	89	87,5	87,5	87,5
Elektron 22	77	84	84	84
Elektron 23	77	82	82	82
Skleron 26	102	100	100	100
S. M. Stahl = 50 kg/mm	92	106	106	106

Zum Vergleich wurde in die Zahlentafel 19 ein S.M.-Stahl mit aufgenommen, der deutlich die Verfestigung zeigt. Da dieses Material starke Zunahme der Hysteresisarbeit und eine sehr starke Erwärmung zeigt, ist die gefundene Härtezunahme im Vergleich mit dem Material Lautal, das beides nur in sehr geringem Maße zeigt, verhältnismäßig gering.

Die Zahlentafel 19 zeigt, daß eine Zunahme der Verfestigung nach dem Bruch hin nicht eintritt.

b) Die metallographische Untersuchung des Gefüges beanspruchter und unbeanspruchter Werkstoffe.

Wie nach den Angaben in dem Schrifttum zu erwarten war, zeigt die Beobachtung der Materialien unter dem Mikroskop nach dem Bruch

Abb. 45. Duralumin 19 unbeansprucht. Querschnitt. ×260.

Abb. 46. Duralumin 19 nach Schwingungsbruch. Querschnitt. ×260.

unter Dauerbeanspruchung keinerlei Veränderung gegenüber dem Ursprungsmaterial.

In den Abb. 45—55 sind Gefügebilder einer charakteristischen Reihe

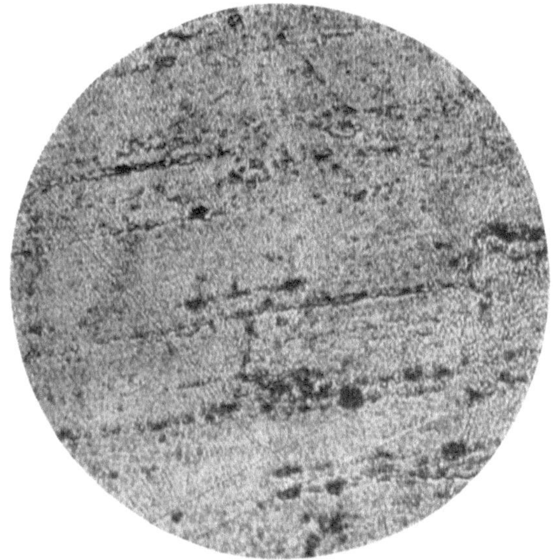

Abb. 47. Duralumin 19 unbeansprucht. Längsschnitt. ×260.

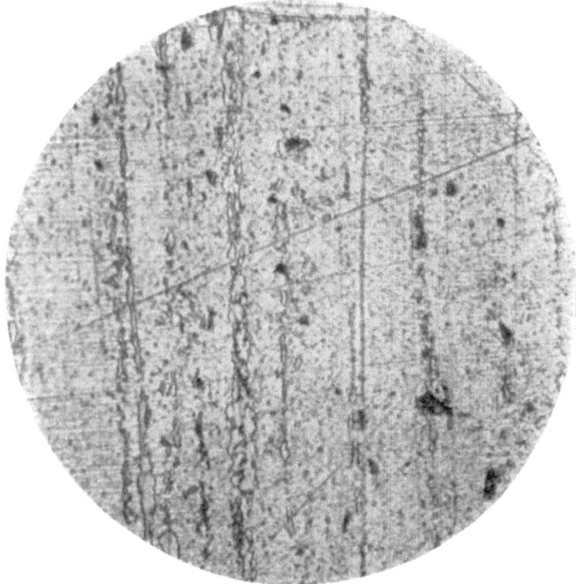

Abb. 48. Duralumin 19 nach Schwingungsbruch. Längsschnitt. ×260.

von Duralumin 681 A in verschiedenen Zuständen, ausgeglüht und veredelt (20) sowie der beiden Elektronlegierungen 22 und 23 wiedergegeben.

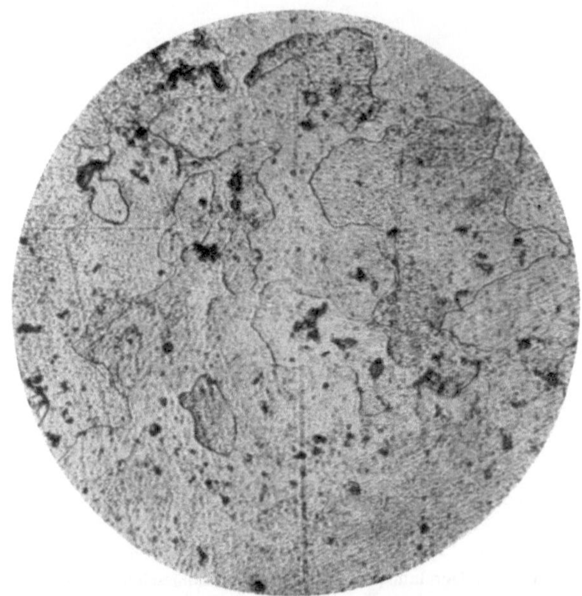

Abb. 49. Duralumin 20 unbeansprucht. Querschnitt. ×260.

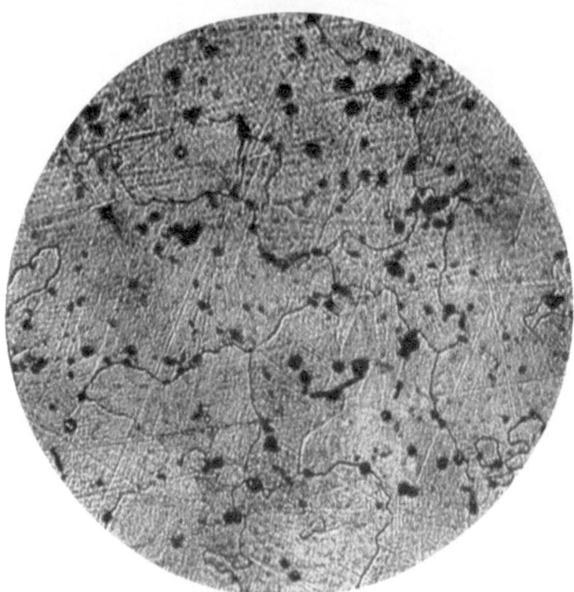

Abb. 50. Duralumin 20 nach Schwingungsbruch. Querschnitt. ×260.

Die Gefügebilder zeigen die Werkstoffe in 260facher Vergrößerung nach Ätzung in Flußsäure-Salzsäure.

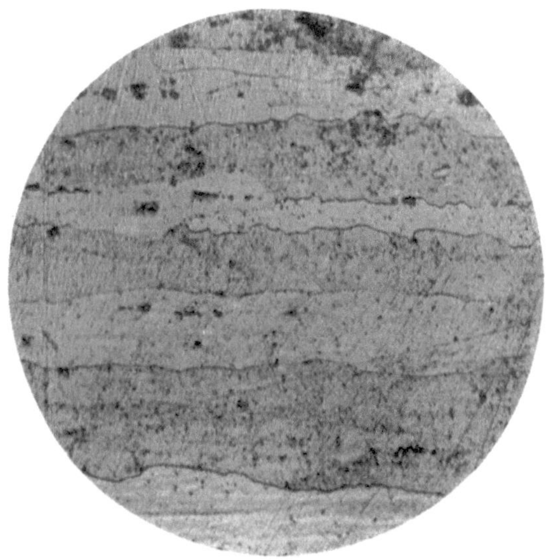

Abb. 51. Duralumin 20 unbeansprucht. Längsschnitt. ×260.

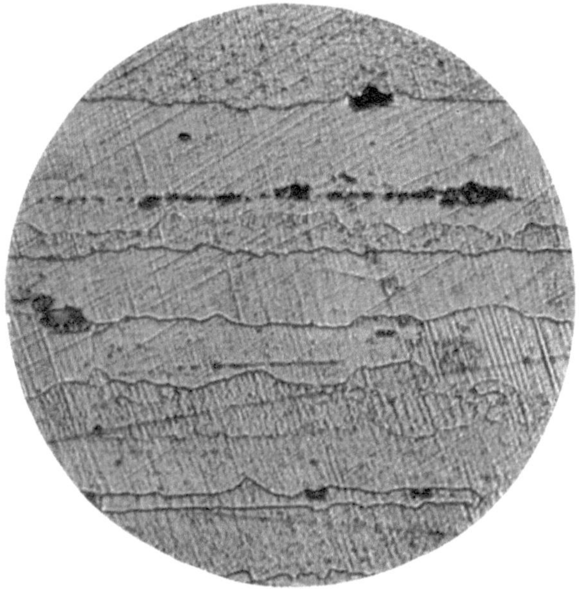

Abb. 52. Duralumin 20 nach Schwingungsbruch. Längsschnitt. ×260.

Die Bilder sind entnommen als Querschnitte, unmittelbar hinter der entstandenen Bruchfläche und als Längsschnitte. Von letzteren wurden die Aufnahmen Abb. 47, 48, 51, 52 in etwa 10 mm Abstand von der

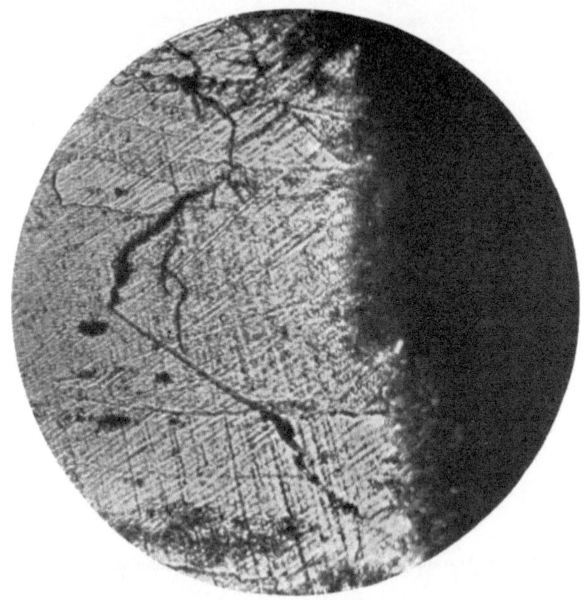

Abb. 53. Duralumin 20 nach Schwingungsbruch. Bruchstelle. Längsschnitt. ×260.

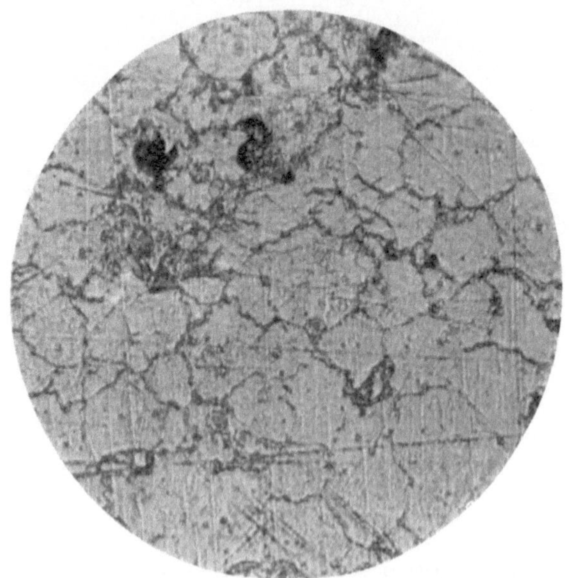

Abb. 54. Elektron unbeansprucht. Querschnitt. ×260.

Bruchfläche genommen, während die Abb. 53 den Zustand unmittelbar an der Bruchfläche zeigt, so daß die Bruchlinie noch zu sehen ist.

Die Bilder zeigen durchweg keine Veränderung des Gefüges durch die Dauerbeanspruchung mit Ausnahme der Abb. 53, die unmittelbar an der Bruchlinie Zertrümmerung des Kornes zeigt, die bei dem, dem allmählichen Dauerbruch sich anschließenden Gewaltbruch entsteht.

Alle anderen untersuchten Werkstoffe zeigen dasselbe Bild und es wurde deshalb von der Wiedergabe der Aufnahmen abgesehen.

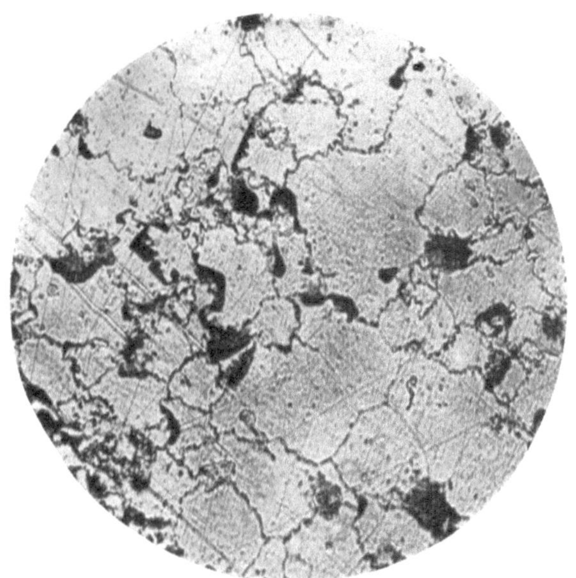

Abb. 55. Elektron 22 nach Schwingungsbruch. Querschnitt. ×260.

B. Die Dauerfestigkeit bei schlagartiger Beanspruchung.

Ein ganz anderes Bild als bei der Bestimmung der Schwingungsfestigkeit ergeben die untersuchten Werkstoffe bei der Prüfung auf Dauerstoßfestigkeit mit einem Dauerschlagwerk der Bauart Krupp.

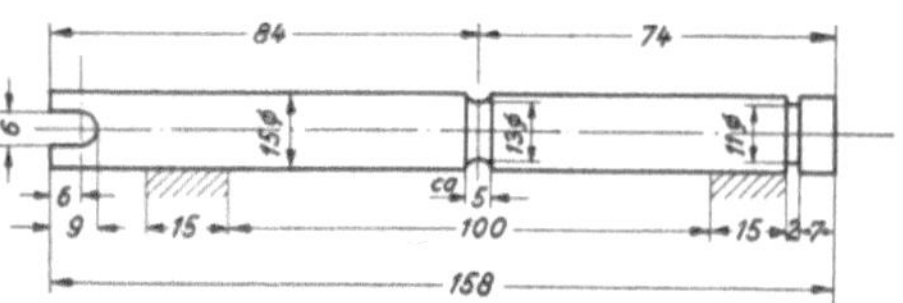

Abb. 56. Prüfstab für Dauerstoßversuche.

Die Versuche wurden durchgeführt an Normalstäben nach der Abb. 56, und zwar zum Teil mit einem Schlagmoment von 2 cmkg, herrührend aus einem Hammergewicht von 2 kg bei einer Fallhöhe von 1 cm, zum anderen Teil mit einem Schlagmoment von 4 cmkg, herrührend aus einem Hammergewicht von 4 kg mit einer Fallhöhe von ebenfalls 1 cm.

Die Zahlentafel 20 gibt die erhaltenen Werte in Schlagzahlen, die erreicht worden sind.

Zahlentafel 20. Ergebnis der Dauerschlagproben.

Material	Zustand	Schlagmoment cm/kg	Schlagzahl	$\frac{N_{\text{vered.}}}{N_{\text{gegl.}}}$	Bemerkung
Duralumin 681 B (13)	geglüht	2	97780	12	
Duralumin 681 B (14)	veredelt	2	$1{,}2 \cdot 10^6$		ohne Bruch
Duralumin 681 B 1/3 (13)	geglüht	4	19684	ca. 7,5	
Duralumin 681 B (14)	veredelt	4	149685		
Duralumin 681 B (13)	geglüht	6	10980	ca. 4	
Duralumin 681 B (14)	veredelt	6	45823		
Duralumin 681 A (19)	geglüht	2	85972	12	
Duralumin 681 A (20)	veredelt	2	$1{,}2 \cdot 10^6$		ohne Bruch
Duralumin 681 A (19)	geglüht	4	21217	ca. 8	
Duralumin 681 A (20)	veredelt	4	166679		
Lautal (30)	geglüht	2	91657	ca. 5	
Lautal (31)	veredelt	2	577325		
Elektron (22)	gepreßt	4	29410	ca. 3	
Elektron (23)	veredelt	4	106948		
Elektron (24)	gepreßt	4	36133		
Elektron (25)	geschmiedet	4	41034		
Skleron (26)	geglüht	4	128127	ca. 3,5	
Skleron (26)	veredelt	4	459816		

Sie zeigt deutlich, daß bei dieser Art der Beanspruchung die Veredelung einen sehr starken Einfluß auf das Verhalten der untersuchten Leichtmetall-Legierungen hat.

So ertragen die Duraluminlegierungen bei einem Schlagmoment von 2 cmkg in veredeltem Zustand Schlagzahlen von mehr als einer Million, ohne zu brechen, während dieselben Legierungen in ausgeglühtem Zustand bei demselben Schlagmoment nur zwischen etwa 85000 und 95000 Schläge ertragen. Bei größerem Schlagmoment $M = 4$ cmkg verringert sich der Abstand.

Die veredelten Legierungen ertragen hierbei etwa 150000 Schläge gegenüber 20000 im ausgeglühten Zustand.

Noch näher rücken die Schlagzahlen zusammen, wenn mit noch höherem Schlagmoment gearbeitet wird.

Bei einem Schlagmoment von $M = 6$ cmkg ertrug das veredelte Duralumin 681 B etwa 50000 Schläge, während das ausgeglühte Material deren nur etwa 10000 ertrug.

Wenn mit N das Verhältnis der ertragenen Schlagzahl des veredelten zu der ertragenen Schlagzahl des ausgeglühten Materials bezeichnet wird, so ist für das Material Duralumin 681 B

$$N_{6\,\text{cmkg}} : N_{4\,\text{cmkg}} : N_{2\,\text{cmkg}} = 4 : 8 : 12 .$$

Die anderen untersuchten Werkstoffe zeigen ähnliche Verhältnisse, wenn auch die Dauerstoßfestigkeit der ausgeglühten und der veredelten Legierungen nicht so stark ist wie bei dem Duralumin.

Es zeigen:

Lautal 30/31 mit $M = 2$ cmkg $N \cong 5$,
Skleron 26 mit $M = 4$ cmkg $N \cong 3{,}5$,
Elektron 22/23 mit $M = 4$ cmkg $N \cong 3$.

Aus diesem Ergebnis geht hervor, daß offenbar die Vorgänge, die bei der Schwingungsbeanspruchung zum Bruch führen, ganz anderer Natur sind als diejenigen, die bei Dauerstoßbeanspruchung den Bruch erzwingen. Man darf aus dem Verhalten zweier Materialien bei der einen Beanspruchung keine Schlüsse ziehen auf ihr Verhalten bei der anderen.

Zusammenfassung.

Die in der vorstehenden Arbeit beschriebenen Untersuchungen haben folgende Ergebnisse gezeitigt:

1. Bei den knetbaren, veredelbaren Leichtmetall-Legierungen ist die sichere Bestimmung der Schwingungsfestigkeit nach solchen Abkürzungsverfahren nicht möglich, welche die Grenze der Beanspruchung dadurch festzustellen suchen, daß sie an dieser Grenze eine Unterbrechung der gesetzmäßigen Änderung ihres Verhaltens bei Beanspruchung zu ermitteln suchen. Weder die Leistungsaufnahme zur Deckung der Hysteresisverluste, noch die Erwärmung, noch die Formänderung gestatten eine sichere Angabe der Schwingungsfestigkeit.

2. Die systematische Untersuchung der veredelbaren, knetbaren Leichtmetall-Legierungen ergibt die Tatsache, daß der Einfluß der Veredelung auf die Erhöhung der Schwingungsfestigkeit bedeutend geringer ist als ihr Einfluß auf die sonstigen, statisch bestimmten Festigkeitseigenschaften. Das ist von Wichtigkeit für die Verwendung der fraglichen Werkstoffe an Stellen, an denen starke Schwingungsbeanspruchung auftritt.

3. Es wird die an sich bekannte Tatsache noch einmal erhärtet, daß im Gefügebild mit den üblichen metallographischen Methoden keine Veränderung des Gefüges beim Dauerbruch festzustellen ist.

4. Es wird gezeigt, daß die Veredelung im Gegensatz zu der Schwingungsfestigkeit eine wesentliche Erhöhung der Dauerstoßfestigkeit erzielt, womit zugleich der Nachweis für die in der Einleitung gemachte Bemerkung gegeben ist, daß es sich bei den beiden Dauerbeanspruchungen — Dauerstoßbeanspruchung und Schwingungsbeanspruchung — um zwei grundsätzlich verschiedene Beanspruchungen handelt. Das Verhalten eines Werkstoffes bei der einen kann keinen Anhalt geben für das Verhalten dieses Werkstoffes bei der anderen Beanspruchungsart.